신박한
수학 사전

MATH FOR ENGLISH MAJORS:
A Human Take on the Universal Language
Copyright © 2024 by Ben Orlin
All rights reserved.

Korean translation copyright © 2025 by Woongjin Think Big Co., Ltd.
This edition published by arrangement with Black Dog & Leventhal, an imprint of Perseus
Books, LLC, a subsidiary of Hachette Book Group, Inc., New York, NY, USA.
through AMO Agency, Korea

이 책의 한국어판 저작권은 AMO 에이전시를 통해
저작권자와 독점 계약한 ㈜웅진씽크빅에 있습니다.
저작권법에 의하여 한국 내에서 보호를 받는 저작물이므로 무단 전재와 무단 복제를 금합니다.

일러두기

· 본문 내 각주는 역자의 주이다.
· 원서의 이탤릭체 강조는 고딕체로 표기했다.

데빈에게,

너의 표정은 어떤 방정식보다 많은 말을 하고 있구나.

그들 자신에게는 너무나 단순하고 쉬워 보이는 그들의 말은,
사실 엄청나게 복잡하며 진정한 언어의 수많은 장치를 그 안에 감추고 있다.[1]
– 올리버 색스, 『목소리를 보았네』

머리말

대학교에서 강연하다가 수학을 처음 접한 때를 떠올려보라고 말한 적이 있다. 그때 학생 하나가 들려준 이야기가 너무 독특하고 그럼에도 너무 일반적이어서 나의 무의식 깊숙이 파고들었다. 나 자신의 기억이 아닌가 싶을 정도였다.

이 학생은 다섯 살에 덧셈 연습 문제지를 받았다. 그런데 2와 + 같은 괴상한 기호를 어떻게 읽어야 할지 몰라 막막했다. 아무도 가르쳐준 적이 없었다. 물어볼 엄두가 나지 않자 꼼수를 썼다. 덧셈을 숫자에 대한 사실이 아니라 형태에 대한 임의적 규칙으로 암기한 것이다. 이를테면, 8 + 1 = 9는 '8 더하기 1은 9'라는 진술이 아니라 다음과 같은 지시 사항으로 취급했다. '위아래로 놓인 동그라미 두 개(8) 다음에 십자표(+), 세로선(1), 가로선 두 개(=)가 오면 꽁무니에 꼬리가 달린 동그라미(9)를 그려 넣어 빈칸을 채운다.' 학생은 고된 노력으로 이런 규칙 수십 개를 외웠다. 어느 것 하나 별나고 무의미하지 않은 것이 없었다. 카프카의 소설처럼 도무지 이해할 수 없는 고역이었다.

8 + 1 = 9를 이런 식으로 배우는 사람은 거의 없다. 하지만 수학을 배

우는 학생은 거의 모두 얼마 안 가 비슷한 혼란에 빠지며 비슷하게 필사적인 꼼수를 동원한다. 유치원에서든 중학교에서든 대학원에서든, 결국 혼란을 맞닥뜨린다. 다들 학교에서 수학을 가르치는 방법이 무척이나, 어쩌면 절망적으로 틀렸다고 말하는 것 같았다.

대체 뭐가 잘못된 걸까? 사람마다 의견이 달랐다. 나는 지난 15년간 이 수수께끼를 풀려고 골머리를 썩였다.

수학에 대한 흔한 불만은 현실에 적용할 수 없다는 것이다. 수학은 너무 추상적이고 모호하고 상아탑에 처박혀 있다. 이런 유서 깊은 푸념이 있다. "이걸 어디에 써먹나?" 교과서 집필진은 이 불평을 진지하게 받아들여 2차 방정식 문제("따분해!")를 얼토당토않게도 수익이 2차 방정식인 회사에 대한 문제("아주 실질적이고 실용적이야!")로 바꾼다. 그런가 하면 '현실 적용'이라는 전제를 거부하는 교육자도 있다. 음악이나 문학을 언제 '써먹을지' 묻는 사람은 아무도 없다며 알베르트 아인슈타인의 조언을 따라 수학을 "논리적 개념의 시"로 받아들이면 된다는 것이다.[2]

수학을 현실에 어떻게 적용할지에 대한 우리의 대답은, 내가 보기에 '현실'이라는 말에 너무 얽매여 있는 듯하다. 학생들이 유용함을 요구할 때 그들이 원하는 것은 **실용성**이 아니라 **목적의식**이다. "이걸 언제 써먹게 될까?"의 의미는 "내가 여기서 뭘 하고 있는 걸까?"라거나 "이게 왜 중요하지?"라거나 "이게 다 무슨 의미가 있을까?"라는 뜻이다.

학생들은 "이 연습이 제 은행 계좌를 얼마나 불려줄지 알려주세요"라고 말하지 않는다. "이 연습이 제 영혼에 대체 어떻게 유익할지 설명해주세요"라고 말하지도 않는다. 학생들의 질문은 이런 쪽에 가깝다. "부디 알려주세요. 이 연습은 지금 여기서 정확히 어떤 의미가 있나요?"

수학은 개념을 모아놓은 것에 머물지 않는다. 수학은 개념에 대해 말하는 특수한 방식이다. 학생들이 자기도 모르게 부탁하고 있는 것은 인류의 가장 기이한 언어를 배우게 도와달라는 것이다.

그렇다면 수학이 언어라는 말은 무슨 뜻일까?

수학은 수에서 출발한다. 수와 낱말은 몇 가지 눈에 띄는 차이가 있지만 둘 다 세계를 분류하는 체계다. 낱말과 마찬가지로 수를 이용하면 (호숫가 산책 같은) 복잡한 경험을 훨씬 단순한 것으로 바꿀 수 있다. 낱말은 경험을 묘사("값비싼 품종의 개가 많다")로 바꾸고 수는 경험을 양("3킬로미터")으로 바꾼다.

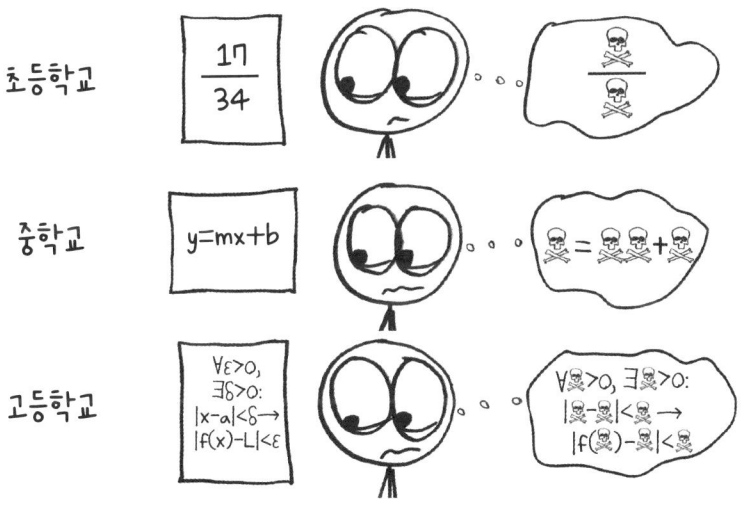

수 다음은 계산이다. 계산은 주어진 수로부터 새 수를 만든다. 말하자면, 옛 수학에서 얻은 새 지식은 수학자 다비트 힐베르트 말마따나 "종이 위 의미 없는 자국"의 게임이 된다.•

누구나 겪어본 일이다. 당신이 모르는 기호가 있고 따라할 수 없는 단계가 있다. 이 뒤죽박죽 표시들이 무슨 뜻이냐고 물으면 돌아오는 답은 주절주절 아리송한 설명이다. 그래서 그건 또 무슨 뜻이냐고 묻는다. 다시 이해할 수 없는 말이 쏟아져 나온다. 이런 대화가 계속되다 양쪽 다 짜증이 치밀어 오른다. 급기야 당신은 고개를 끄덕이고 미소를 지으며 말한다. "아, 그래요. **고마워요.** 확실히 알았어요." 당신은 어떤 의미도 찾아내지 못한 채 어떤 형태를 어떤 순서로 써야 하는지 암기하는 생고생을 시작한다.

수학은 언어라고들 말한다. (심지어 '보편 언어'란다.) 하지만 언어는 사람과 사람을 이어주는데 왜 수학은 우리를 이토록 외롭게 하는 걸까?

나는 직업적 수학 변증론자. 여기서 '변증론자'라는 말은 고전적 의미(특정 세계관을 옹호하고 설명하는 사람)와 현대적 의미(세상 사람들에게 경멸받는 고객의 홍보를 대행하는 사람) 둘 다로 쓰인다. 내가 이 길에 들어선 것은, 즉 수학 교사가 된 이유는 수학이 나의 도움을 필요로 한다는 막연하고 부풀려진 확신 때문이다. 무언가 잘못되었음을 알았기 때문이다.

이를테면, 둘레가 3킬로미터인 호수가 원에 가깝다면 호수를 가로지

• 수학을 형식적인 시스템으로 이해하고, 기호 조작의 규칙과 논리적 일관성을 강조하는 말이다.

르는 거리는 약 1킬로미터라고 계산할 수 있다. 지금까지는 좋다. 하지만 여기서 대수가 등장한다.

대수는 문학이나 철학처럼 일상 세계로부터 한발 물러나 있다. 우리는 구체적 수(177)와 구체적 연산(177 ÷ 3)이 아니라 연산 자체의 성격에 대해 공부한다. 대수는 새로운 가능성을 열어준다. 연산을 효율화하고 단계를 재배열하고 풀이법을 비교할 수 있게 해준다. 그러려면 정교한 문법이 필요하다. 별도의 명사구 체계와 작고 듬직한 일꾼인 동사가 있어야 한다. 무엇보다 3 같은 구체적 수가 x 같은 추상적 자리 표시자로 대체된다. 구체적 3이 일반적 x로 바뀌는 이 신념의 도약은 완전히 새로운 언어 탄생의 동틀녘이다. 많은 사람에게는 수학에 대한 흥미를 잃어버리는 이해의 저물녘이겠지만.

이 작은 책에는 원대한 포부가 있다. 그것은 수학이라는 언어를 당신에게 가르치겠다는 것이다. 우리는 수라는 추상 명사를 시작으로 연산이라는 타동사와 대수라는 섬세한 문법을 만들어갈 것이다. 물론 그림을 곁들인 몇 페이지의 글로 언어 전체를 가르칠 수는 없지만 첫발은 뗄 수 있으리라 기대한다.

내가 제안하는 방식은 조금 색다르다. 수학자들은 일반 대중을 상대로 글을 쓸 때 주제의 개념과 응용을 중시하지, 그것을 표현하는 언어에 주목하지 않는다. 그래서 그 언어를 깡그리 무시하고 방정식을 (최선을 다해) 일상어 문장으로 번역할 때가 많다.

이 책은 더 험난하고 자유분방한 길을 택한다. 이것은 문학의 번역이 아니라, 이런 문학을 가능하게 하는 아름답고 소박한 언어에 생명력을 불어넣으려는 시도다.

'수학은 발견되었는가, 발명되었는가?'라는 오래된 수수께끼가 있다. 수학은 자연의 구조에 내재할까, 아니면 자연을 탐구하려고 우리가 만들어낸 연장일까? 수학은 원자일까, 현미경일까?

물론 나의 대답은 둘 다라는 것이다. 수학은 발견을 둘러싼 발명이요, 나무를 둘러싼 집이다. 이 집은 언어이며, 어찌나 기발하게 건축되었던지 마치 자연의 산물처럼 느껴진다. 이 나무는 발견이며, 구조가 어찌나 마법적인지 마치 설계의 산물처럼 느껴진다. 수학은 원자인 **동시에** 현미경이다. 어찌나 감쪽같이 어우러지는지 어디서 발견이 끝나고 발명이 시작되는지 알기 힘들다.

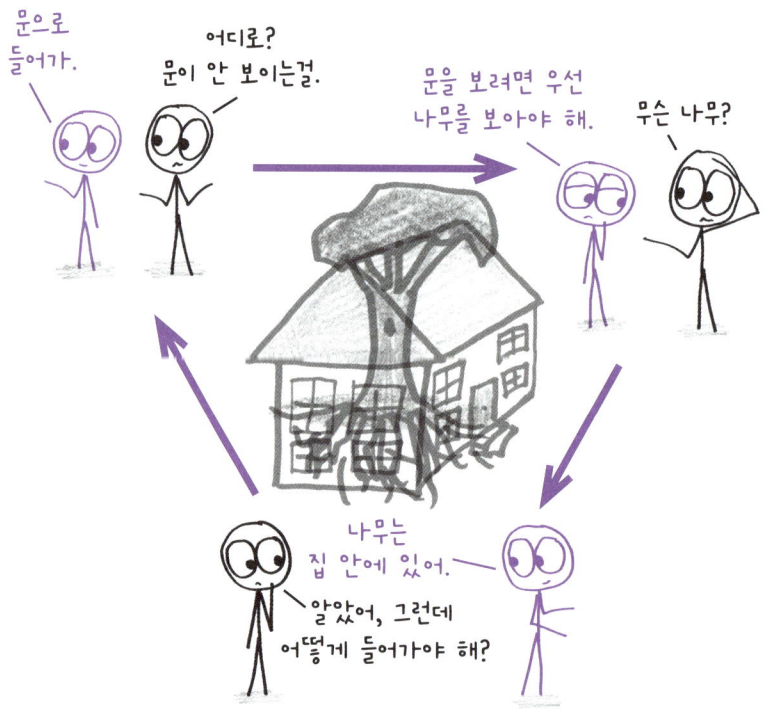

수학을 배우기가 지독히 힘든 데는 발명과 발견, 언어와 개념이 이렇게 뒤얽힌 탓도 있다. 개념을 파악하려면 우선 언어를 배워야 하지만, 언어는 개념을 표현할 뿐 그 외에는 아무 의미도 없다.

수학 변증론자라는 진로는 결코 나의 계획이 아니었다. 내가 수학에 이끌린 것은 운명을 신에게 점지받는 그리스 영웅의 경우가 아니라, 교통 혼잡으로부터 빠져나가는 길을 현지인에게 안내받는 관광객의 경우에 가까웠다.

그럼에도 이 나무집에서 나뭇잎 사이사이로 비쳐드는 햇빛을 바라보노라면, 내가 서 있는 곳에 모든 사람이 설 수 있으면 좋겠다는 바람이 절로 든다. 부디 이 작은 책이 당신을 이곳으로 이끌 수 있기를.

차례

머리말 • 9

1장
명사
수라고 불리는 사물

19

- 셈 • 24
- 측정 • 32
- 음수 • 37
- 분수 • 46
- 소수 • 54
- 반올림 • 60
- 큰 자릿수 • 66
- 과학적 기수법 • 75
- 무리수 • 82
- 무한 • 91

2장
동사
산술 행위

99

- 증일 • 104
- 덧셈 • 109
- 뺄셈 • 118
- 곱셈 • 126
- 나눗셈 • 136
- 제곱과 세제곱 • 144
- 제곱근 • 150
- 지수 • 154
- 로그 • 160
- 묶기 • 165
- 계산 • 173

3장
문법
대수

179

- 기호 • 184
- 변수 • 191
- 식 • 197
- 등식 • 205
- 부등식 • 213
- 그래프 • 221
- 공식 • 230
- 단순화 • 236
- 해 • 243
- 범주 오류 • 251
- 스타일 • 257
- 규칙 • 262

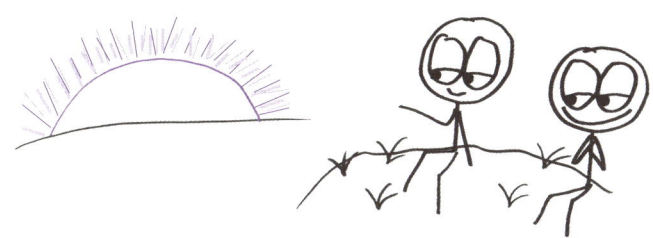

4장
숙어집
수학자들의 은어

269

성장과 변화 • 273
오류와 추정 • 276
최적화 • 280
해와 방법 • 284
도형과 곡선 • 287
무한 • 290
모임 • 294
논리와 증명 • 298

참과 모순 • 303
개연성과 가능성 • 308
인과관계와 상관관계 • 312
데이터 • 315
게임과 위험 • 319
속성 • 323
유명 수학자와 수학 은어 • 326

군말, 인용, 작은 글자 • 331
더 깊이 공부하려면 • 340
횡설수설 감사 인사 • 348
찾아보기 • 350

1장 명사: 수라고 불리는 사물

$$+ \div \times -$$

    '명사'의 일반적 정의는 '사람, 장소, 사물을 가리키는 낱말'이다. 어릴 적 나는 이 정의가 늘 불만스러웠다. 사람과 장소가 **사물**이기도 하다는 건 당연해 보였다. 그런데 왜 군더더기를 덧붙였을까? '명사'를 '사물을 가리키는 낱말'로만 정의해도 충분하지 않나? 돌이켜보면, 어릴 적의 이 현학적 고민은 수학 언어의 독특한 원리 중 하나를 보여준다. 바로 모든 것이 사물이라는 것이다.

    수가 좋은 예다. 수는 수학에서 가장 오래되고 친숙한 사물이지만 실은 전혀 사물이 아니다. 일곱 대양을 건너고 일곱 피자를 맛보고 일곱 닌자와 겨루며 세계를 유랑해도 '일곱'이라는 **사물**은 결코 만나지 못한다.

'일곱'이라는 것은 없다. 일곱 개의 무언가만 있을 뿐이다. '일곱 구슬'이라는 말은 '파란 구슬'과 비슷하다. 여기서 '일곱'은 속성을 나타내는 꾸밈말이다. 명사가 아니라 형용사다.*

합리적인 사람이라면 이와 같이 말했을 것이다. 하지만 수학자는 합리적인 사람과는 거리가 멀다. 천방지축 철학자나 막무가내 논리학자에 가깝다.

형용사 '아름답다'에서 명사 '아름다움'이 파생하는 것과 마찬가지로 형용사 '일곱'에서 명사가 파생하는데, 공교롭게도 이 또한 '일곱'이라고 불려서 혼동을 자아낸다. 이 명사는 일곱이라는 막연한 성질, 즉 일곱 개인 모든 묶음에 공통되는 성질로 정의된다.

• 이 책에 나오는 품사는 한국어가 아니라 영어 문법의 품사다.

그러므로 수는 형용사로부터 탄생한 명사다. 이것은 손에 잡히지 않는 성질이지만, 너무 흥미로워서 마치 사물인 양 그 자체로 우리의 연구 대상이다. 뒤에서 보겠지만, 수는 수학의 명사일 뿐 아니라 가장 본질적인 것이기에 이 책의 1장에서 다룬다.

소설가 캐런 올슨은 수학을 이렇게 묘사한다. "손에 잡힐 듯 말 듯 추상적인 구조, 곡선과 표면과 장과 벡터 공간의 구름 나라로, 다른 어떤 언어로도 표현할 수 없는 진리를 담는 그릇인 정교한 구름어를 배우는 사람만 들어갈 수 있다."[3]

구름어에 걸맞게 우리의 연구는 구름 속에서 시작된다. 나와 함께 스노도니아의 숲을 거닐어보겠는가? 구름이 내려앉은 산속에서…….

셈

몇해 전 웨일스의 산비탈을 걷다가 1부터 20까지 웨일스어 숫자가 나열된 명판을 보았다. 나는 명판, 숫자, 웨일스인에 사족을 못 쓰는지라 당장 읽어보았다.

하나: un.
둘: dau.
셋: tri.

내가 놀란 것은 16을 나타내는 'unarbymtheg'에서였다. 이 낱말은 'un'(1)과 'pymtheg'(15)를 합친 것 같았다. 나 같은 영어 화자에게는 특이하고 매력적인 이름이었다. 재미있게도 17(dauarbymtheg, 2와 15)과 19(pedwararbymtheg, 4와 15) 또한 같은 형식이었다. 이쯤 되자 18은 어떤 이름인지 알 것 같았다. 3과 15를 합친 'triarbymtheg' 아니겠는가. 과연 그랬을까?

아니었다. 웨일스인들은 나의 단조로운 논리에 맞장구치기를 거부했다. 열여덟은 '데이나우 deunaw', 문자 그대로 '두 개의 9'였다. 나는 스노도니아의 안개 속에 서 있었다. 웨일스인에 대한 존경심과 이토록 아름답게 이름 지어진 수에 대한 존경심에 가슴이 부풀었다.

 이름을 붙인다는 것은 구분하는 일이요, 정체성을 부여하는 일이다. 그래서 우리는 아기, 노래, 도시, 반려동물, 단톡방에 이름을 붙인다. 하지만 서류 클립에는 이름을 붙이지 않는다. 우리 아기를 당신 아기와 구별하는 것은 엄청나게 중요하지만, 내 사무용품을 당신 사무용품과 구별하는 것은 그다지 중요하지 않다.

 이름 없는 수는 수가 아니다. 이름이 없으면 클럽과 비슷하게 무엇과도 구별되지 않는다. ●●●●●●●●●●●●●●●●●●●●●를 ●●●●●●●●●●●●●●●●●●●●●●●이나 ●●●●●●●●●●●●●●●●●●●●●●와 쉽게 구별할 수 있겠는가? 각각의 수가 이름, 즉 정체성을 얻을 때 수학이 시작될 수 있다. 창세기에서 아담은 땅돼지aardvark부터 얼룩말zebra까지 땅의 짐승들에 이름을 붙였다. 18세기 식물학자 칼 린네도 땅돼지(*Orycteropus afer*)부터 얼룩말(*Equus quagga*)까지 똑같은 일을 했다. 아담과 린네가 짐승에 대해 한 일을 우리는 양量에 대해 해야 한다. 수에 하나씩 이름을 붙이는 이 과정을 '셈'이라고 부른다.

수 ●●●●●●●●●●●●●●●●●●에는 '열여덟'이라는 이름이 붙었다. 문자 그대로 '열과 여덟'이다. 정확한 명칭이지만 ●●●●●●●●●●●●●●●●●●은 '세 여섯'이라고 할 수도 있고 '한 다스와 반 다스'라고 할 수도 있고 '아홉의 쌍'이라고 할 수도 있다. 더 그럴듯한 대안이 있는데 왜 '열여덟이라고 할까? 꼴사납고 비대칭적인 '열과 여덟'이 아니라 대칭적인 '데이나우'(두 개의 아홉)라고 하면 안 되나?

이 물음은 더 심오한 다음 물음으로 이어진다. '셈 체계로부터 우리가 얻고자 하는 것은 과연 무엇일까?'

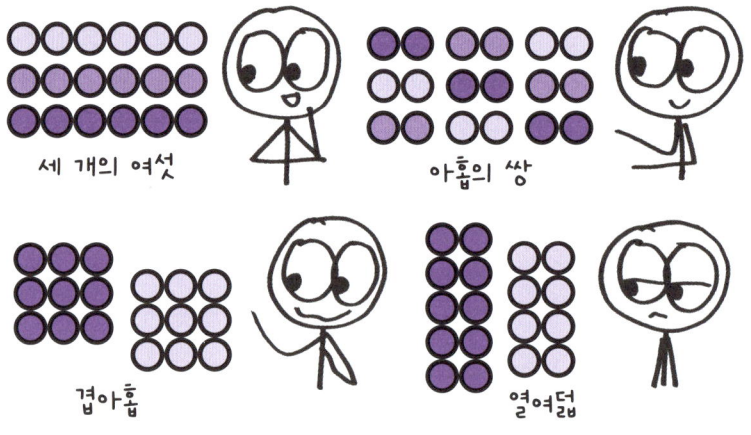

아르헨티나의 작가 호르헤 루이스 보르헤스의 단편 소설 「기억의 천재 푸네스」는 말에서 떨어져 의식을 잃은 소년의 이야기다.[4] 기절했다 깨어난 푸네스는 자신이 저주와 축복을 둘 다 받았음을 알게 된다. 그의 몸은 마비되었지만 정신은 그림으로 가득하다. 그는 무엇을 보든 영원토록 속속들이 완벽하게 본다. 그리하여 푸네스는 침대에 누운 채 자기만의 셈 체계를 발명한다. 그는 각각의 수에 '유황', '카드',* '나폴레옹' 같은 구체적 이미지를 부여한다. 그의 셈 방식에서는 모든 이름이 웅장하고 고유하다.

하지만 화자가 푸네스에게 설명하려는 것처럼(결국 헛된 노력이지만) 이런 수학은 결코 수학이 아니다.

'10진법'이라는 우리의 명명 체계는 모든 것을 열 묶음으로 구분한다. 백은 십의 열 배이고, 천은 십의 열 배의 열 배이고, 백만은 십의 열 배의 열 배의 열 배의 열 배의 열 배다. 모든 수를 똑같은 표준 부품으로 만들기 때문에 수를 비교하고 계산하기가 수월하다. 이를테면, 125가 124보다 1만큼 크다는 것을 한눈에 알 수 있으며, 둘씩 더해(100 + 100, 20 + 20, 4 + 5) 합 249를 쉽게 얻을 수 있다.

푸네스의 숫자는 이렇게 하지 못한다. '막시모 페레스' 다음 수가 '철도'라거나 둘의 합이 '금 간 적벽돌'이라는 걸 사람들이 어떻게 알 수 있겠는가? 소설의 화자 말마따나 "아무런 관련성이 없는 단어들의 광시곡은 숫자 체계와 정반대에 있"었다.

우리가 시적인 '데이나우'를 퇴짜 놓고 산문적인 '열여덟'을 선택한 것은 이 때문이다. 이름 붙여야 할 수가 무한개이기에 체계가 필요하다. 그리고 우리의 체계는 10을 기반으로 한다.

---

* 원문의 'the reins'는 소설의 한국어판에 나오는 번역어로 옮겼다.

10에는 내재적으로 특별한 것이 전혀 없다. 우리가 우연히 손가락이 10개인 유인원에서 진화했을 뿐이다. 우리가 문어나 거미처럼 8을 기준으로 해야 했다면 '열여덟'을 22(2개의 여덟과 2개의 나머지)라고 불렀을 것이다.

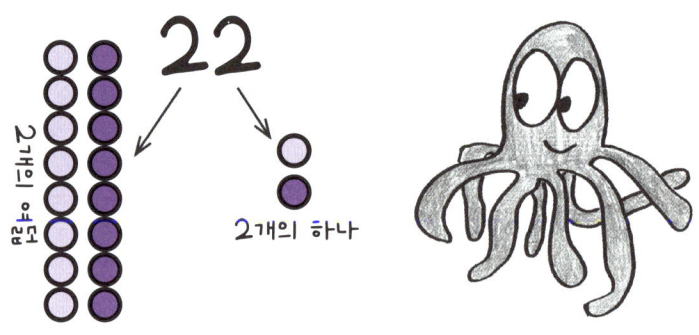

만약 7로 묶었다면 '열여덟'은 24(2개의 일곱과 4개의 나머지)라고 불렀을 것이다.

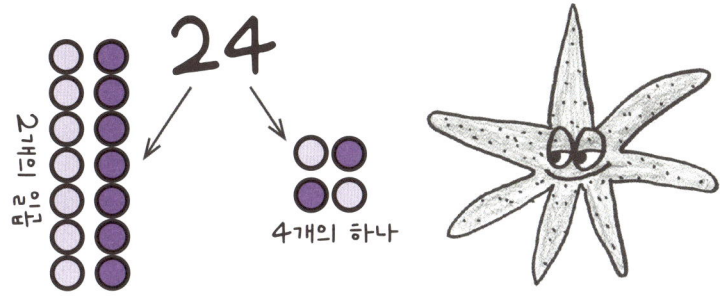

혹, 9로 묶었다면 20(2개의 아홉과 0개의 나머지)이라고 불렀을 테고.

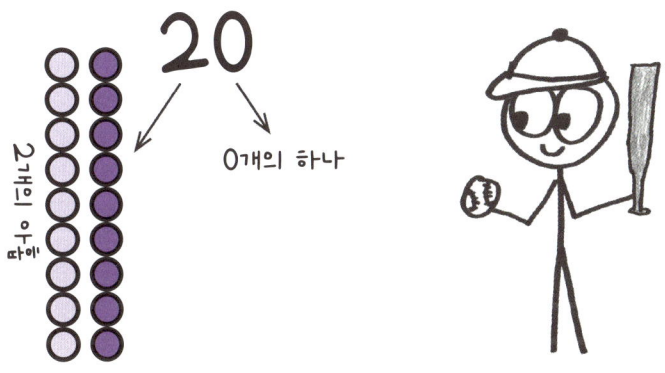

이것은 '데이나우'와 같은 방식이 아닌가? 맞다. 하지만 여기에는 대가가 따른다. 18을 20으로 바꿔 명명하려면 십(10), 백(10 × 10), 천(10 × 10 × 10)의 언어를 포기해야 한다. 그 대신 수를 9, 81(9 × 9), 729(9 × 9 × 9)로 나눠야 한다. 그러면 우리의 수 명명 체계가 송두리째 달라진다.

칠백(7개의 10 × 10 묶음)은 근사하게 딱 떨어지는 이름을 갖지 못할 것이다. 그것의 이름은 꼴사나운 857(8개의 9 × 9 묶음, 5개의 9 묶음, 7개의 나머지)일 것이다.

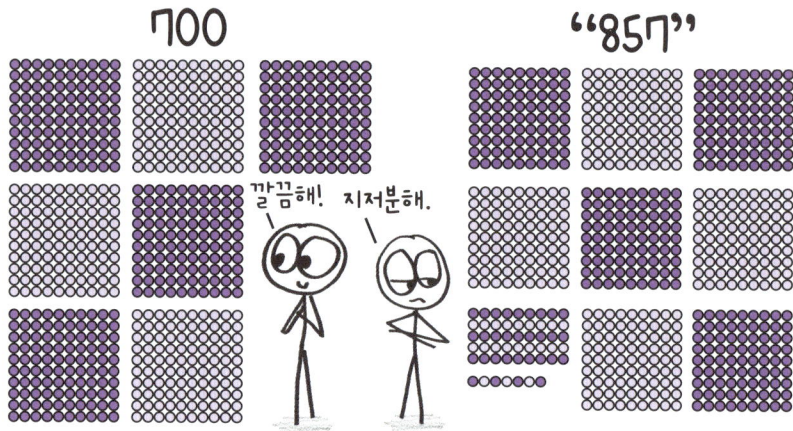

반면에 멋없는 729(7개의 10 × 10 묶음, 2개의 10 묶음, 9개의 나머지)는 멋지게 딱 떨어지는 1000(1개의 완벽한 9 × 9 × 9 묶음)이 될 것이다.

수 자체는 달라지지 않았다. 이름만 바뀌었을 뿐이다. 하지만 우리의 세계를 빚어내는 것은 이름이다. '데이나우'의 세계에서 고등학교 졸업생들은 27주년 동창회(이제 30주년 동창회라고 불린다)에 참석할 것이다. 도시들은 창건 81주년(9진법으로 헤아린 1세기)을 기념하여 근사한 시가행진을 벌일 것이다. 운전자들은 주행계가 59,049킬로미터(100,000으로 표시된다)에 도달하면 차를 갓길에 대고 사진을 찍을 것이다.

10번째 생일, 50주년 기념일, 제200회 추모 행사 등에서 보듯 수는 우리에게 커다란 의미가 있다. 하지만 우리가 소중히 여기는 것은 수일까, 수에 부여된 이름일까?

어슐러 르 귄의 소설 어스시 연작에는 '진정한 이름'의 신비로운 언어가 등장한다. 사물과 그 이름이 하나이기에 어떤 사람의 진정한 이름을 알면 그에게 지대한 영향을 미칠 수 있다. 이따금 수학이 이런 것 아닐까 하는 생각이 든다. 18이라는 이름 옆에 61이라는 이름을 쓰면 소박한 마법이 일어나 합이 79라는 사실이 드러난다. 나는 어스시의 마법사처럼 "그 진정한 이름을 말함으로써 …… 전혀 거기 존재하지 않는 것을 소환한"다.[5]

애석하게도 어스시는 판타지다. 현실에서는 반쪽 진실들 중 하나를 선택해야 한다. 한쪽에는 질서 정연하고 체계적인 이름의 언어가 있고, 다른 쪽에는 생생하고 인상적인 이름의 언어가 있다. 한쪽에는 '열여덟'의 꼴사나운 비대칭성이 있고, 다른 쪽에는 '데이나우'의 웨일스적 완벽함이 있다.

측정

추수 감사절을 맞아 보스턴 여행을 가려고 짐을 꾸렸는데, 세 살배기 우리 딸이 가방을 뒤지다가 내가 챙겨둔 체온계를 찾아냈다. 아이가 말했다. "와! 나 이거 어떻게 쓰는지 알아." 나는 아이가 체온계를 겨드랑이에 끼우고 잠시 기다렸다가 빼내 들여다보는 광경을 지켜보았다. 아이가 선언했다. "30도 파운드야. 키가 더 커졌어!"

확실히, 아이는 실험 방법을 다듬어야 한다. 하지만 이렇게 어리고 뜻대로 되는 게 없는 나이에 아이는 벌써 수학 언어의 기초를 터득했다. 바로 정량화다.

정량화는 세계를 수로 번역하는 일이다. 우리는 존재의 수수께끼 같고 환원 불가능한 구조, 즉 현실에서 출발한다. 그런 다음 인간으로서 그 현실에 점수를 부여한다. 우리는 얼마나 긴가를 **길이**라는 수로 정량화하고, 얼마나 무거운가를 **무게**라는 수로 정량화하고, 얼마나 똑똑한가를 **시험 점수**라는 수로 정량화한다. 이런 정량화에는 한계가 없다. 머뭇거림도 없다. 매주마다 지금껏 정량화된 적 없는 새로운 삶의 일부(이를테면 향수鄕愁, 슬픔, 잔치국수 같은 것)가 진취적인 염세가의 손아귀에 사로잡혀 다짜고짜 수로 바뀌고 있다.

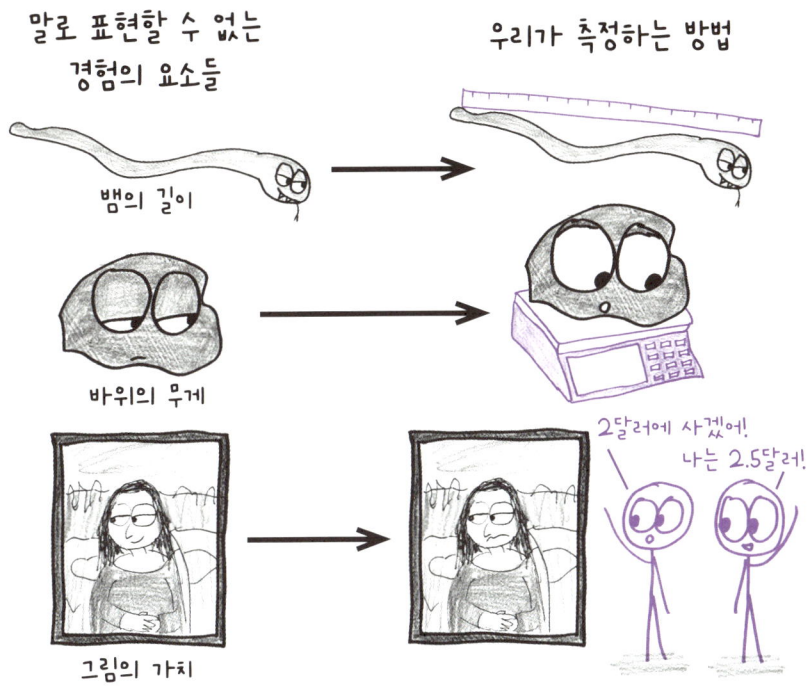

정량화를 가리키는 또 다른 낱말은 **측정**measurement이다. 알다시피 측정을 하려면 도구가 있어야 한다. 시간을 측정하려면 스톱워치가 필요하고, 여론을 측정하려면 여론 조사가 필요하고, 온도를 측정하려면 온도계가 필요하고, 몸무게를 측정하려면 체중계가 필요하다. 목욕용 장난감의 개수를 세거나 자신의 나이를 헤아리는 간단한 측정 행위를 하려고 해도 꼽을 손가락이나 넘길 달력이 있어야 한다.

측정은 결코 완벽하게 정확할 수 없다. 나는 오랫동안 사람들에게 내 키가 175센티미터라고 말하고 다녔는데, 어느 날 운전면허증을 보고서 공식 신장이 173센티미터인 걸 알게 되었다. 그렇다고 해서 내가 그동안 스스로를 속였다는 건 아니다. 내 키는 175센티미터와 173센티미터 사이이며, 심지어 어떻게 재느냐에 따라서도 달라진다. 신발을 신으면 1센티미터 커지고 양말을 신으면 1밀리미터 커진다. 관계가 없을 것 같지만 몇 시에 재느냐도 영향을 미친다. (중력 때문에 척추가 아주 약간 짜부라지므로 저녁에는 키가 작아지고 아침에는 커진다.) 어쨌거나 줄자의 눈금 굵기가 $\frac{1}{3}$밀리미터이므로 그보다 정확하게는 잴 도리가 없다.

그 어떤 측정도 오류에서 완전히 자유로울 수는 없다. 세상에서 가장 정확한 시계도 1~2년에 1나노초씩 늦어진다. 개수를 세는 행위 자체도 틀릴 수 있다. 보통 사람에게 통에 담긴 젤리빈 개수를 세어보라고 하면, 분명 한눈을 팔다가 1퍼센트 정도의 오차를 내고 말 것이다.[6]

측정한 결과는 깔끔해 보이지만 측정하는 과정은 지저분할 수밖에 없다. 이 점에서는 돈세탁과 별반 다르지 않다.

이 모든 것을 고려할 때 수학자들이 측정에 대해 깊이 생각하지 않는 것은 조금 의아하다. 실제로 수학자들은 수의 성격을 설명할 때 측정을 좀처럼 거론하지 않는다.

음수negative number를 예로 들어보자. 당신은 −3마리의 개를 셀 수 없고 −3킬로미터를 걸을 수 없고 −3시간 동안 잘 수 없다. 사실 측정에서는 결과가 결코 −3으로 나올 수 없다(온도계에 '−3'이라고 적어놓으면 그럴 수도 있겠지만, 그때에도 수은은 양의 거리만큼 움직였다).

수가 측정에서 왔다면 −3은 어디서 왔을까?

$\sqrt{2}$와 π 같은 **무리수**irrational number도 마찬가지다. 무리수 길이를 재려면 정확도가 무한대인 줄자가 필요하다. 불가능하다는 뜻이다. 하지만 아무리 재도 나오지 않는다면 '무리수'는 대체 어떤 의미에서 수일까?

그런가 하면 −1의 제곱근 i 같은 **허수**imaginary number도 있다. '허수'는 본디 멸칭이었다. 이 말을 지은 수학자는 허수의 존재를 받아들이길 거부했다.[7] 허수는 수직선[•]에 있지 않고 위나 아래에 있다. 괴상하다. 이건 아무리 봐도 측정이 아니다. 그런데도 수다. 진짜 그럴까?

단언컨대, 수가 맞다. 음수, 무리수, 허수는 매우 자연스럽게 생겨난다. 다만 측정 자체에서가 아니라, 측정의 패턴과 계산으로부터 생겨난다. 5에서 8을 빼면, 자, 결과는 **음수**다. 정사각형의 대각선 길이를 계산하면, 짠, 거리는 **무리수**다. $x^2 = -1$ 같은 간단한 방정식을 풀면, 짜잔, 해는 **허수**다. 수의 언어는 측정에서 시작되지만 수는 금세 나름의 삶을 살아간다.

언젠가 우리 딸은 잴 수 없는 수의 기이한 세계에 대해 배울 것이다. 그에 앞서 겨드랑이 체온계가 별로 정확하지 않다는 것을 배워야 할 것이다. 키와 몸무게를 재는 데는 더더욱. 하지만 지금은 아이가 기본 진리를 파악했다는 게 기쁘다. 체온계를 현실의 겨드랑이 밑에 끼웠다 빼내 선언할 수를 얻을 때 수학 언어가 시작된다는 진리 말이다.

• 실수의 크기를 무한히 펼쳐진 직선 위에 나타낸 것

음수

고등학교 때 수업을 산으로 가게 하는 질문으로 악명 높은 친구가 있었다. 그 친구가 이렇게 말한 적이 있다. "나도 우리 반에 뭔가 보태고 있어. 그게 음수일 수도 있지만, 어쨌든 책에서는 그것도 덧셈이라고 하잖아."[8]

나는 저 문장이 늘 맘에 들었다. 음수의 본질을 포착했기 때문이다. 부재의 존재, 많은 결여.

음수는 언어의 꼼수로, 반대인 것을 합치는 방법이다. 앨리스는 붉은 여왕에게 "언덕은 골짜기가 될 수 없어요. 그건 말도 안 돼요."라고 말했다.[9] 하지만 음수가 있으면 언덕은 골짜기가 될 수 있다. 아니, 오히려 골짜기를 '음의 언덕'이라고 말할 수 있다. 우리는 '해저 100미터'나 '해발 4000미터'라고 말하지 않고 고도 −100미터나 +4000미터라고 말한다('+'는 생략할 때도 있다). 마찬가지로 '로켓 발사 8분 후'나 '발사 15분 전'이라고 말하지 않고 +8:00과 −15:00이라고 말한다. '후', '위', '앞으로', '위로' 같은 전치사는 +로 번역하고 그 반대인 '전', '아래', '뒤로', '아래로'는 −로 번역한다.

음수와 양수는 서로의 거울상이며 둘을 합치면 수직선이라는 연속체가 된다. 수직선은 1600년대에 유행한 뒤로 참신함이 시들해지긴 했지만 위력은 줄지 않았다.[10]

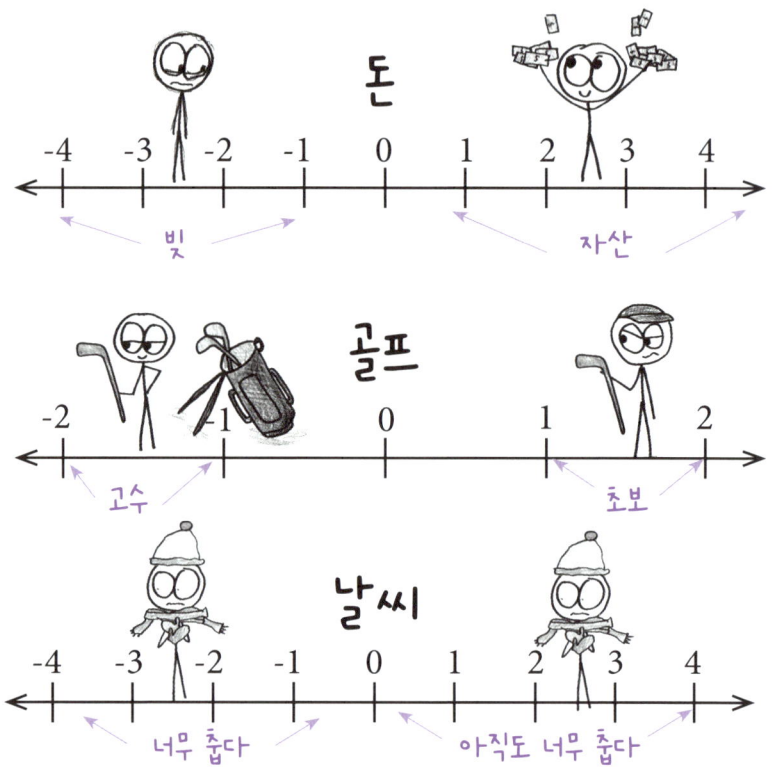

오늘날 우리는 개수를 세는 수(1, 2, 3 등)를 **자연수**라고 부른다. 여기에 0과 자연수의 반수(-1, -2, -3 등)를 더한 전체 집단은 **정수**라고 부른다. 이보다 간단할 수 없다. 그렇다면 왜 수백 년간 수학자들은 음수를 진정한 수로 받아들이길 거부했을까? 16세기 독일의 수학자 미하엘 슈티펠은 왜 음수를 "터무니없"고 "허구적"인 수라고 불렀을까? 12세기 인도의 수학자 바스카라는 왜 음수를 "사람들이 받아들이지 않는"다고 했을까?[11] 18세기 영국의 수학자 프랜시스 마세러스는 왜 음수를 "한낱 헛소리 아니면 요령부득 용어"로 치부했을까?[12]

이 모든 의문은 간단한 다음 질문으로 귀결된다. '수중에 돈이 2달러밖

에 없는 사람이 어떻게 3달러를 쓸 수 있을까?'

신용카드를 써본 사람은 답을 안다.

'긁어서.'

음의 달러는 흔히 '빚'이라고 부른다. 음수를 시각적으로 이해하려면 **초록색** 1달러 지폐(+)의 못된 짝이 있다고 상상해보라. 이것은 **빨간색** 음의 1달러 지폐(−)로, 빚진 1달러를 가리킨다. 두 지폐를 조합하면 같은 금액을 여러 방법으로 나타낼 수 있다.

  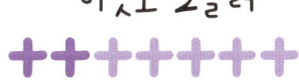

이런 시각적 보조 수단이 있으면 음수 연산을 이해할 수 있다. 이를테면, 지갑에 초록색 지폐를 넣어 양수를 더하면 언제나 이득이다. 재산이 늘어난 셈이다.

한편 초록색 지폐를 꺼내어 양수를 빼면 언제나 손실이다. 재산이 줄어든다. 처음에 초록색 지폐와 빨간색 지폐를 둘 다 가지고 있다가(이를테면 초록색 일곱 장과 빨간색 한 장) 초록색 지폐를 많이 잃으면 빚을 지게 된다.

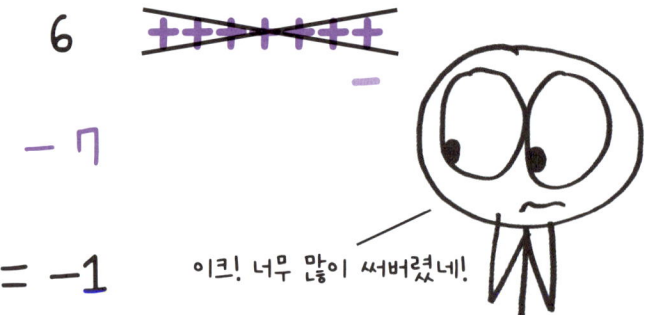

그렇다면 음수를 더하면 어떻게 될까? 즉, 빨간색 지폐를 얻는다면? 이건 나쁜 소식이다. 당신을 가난하게 하는 '이득'인 셈이다.

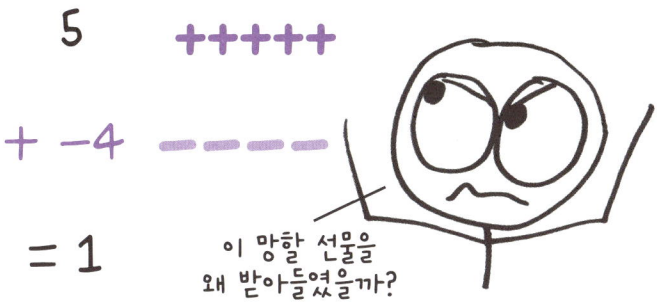

반면에 빨간색 지폐를 꺼내어 음수를 빼는 것은 이득이다. 당신을 부유하게 하는 '손실'인 셈이다. 자산(이를테면 7달러)도 있고 빚(이를테면 3달러)도 있는 사람이 빚을 갚으면 이미 양수이던 순자산이 더 커진다.

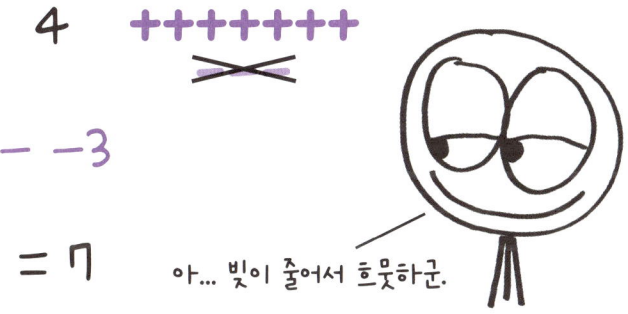

이 체계에서는 두 기호(+와 −)로 양수(+), 음수(−), 덧셈(+), 뺄셈(−)의 네 가지 개념을 나타낸다. 기호가 여러 용도로 쓰이는 것을 수학자들은 '확장되었다overloaded'라고 부른다. 이런 종류의 확장은 교사들에게 절망과 분노를 일으키기도 한다. 그들은 학생이 '마이너스 7'(수)과 '빼기 7'(연산)을 헷갈리면 노발대발한다.

나는 그들의 열정은 높이 사지만 그 철학에는 동의하지 못하겠다. 음수 −7과 뺄셈 −7은 헷갈리기 쉬운 것만이 아니라 헷갈리는 게 정상이다. 둘의 차이를 얼버무리면 근사한 패턴이 드러난다. 시야를 흐리게 했을 때 숨겨진 매직아이 이미지가 보이는 것처럼 말이다.

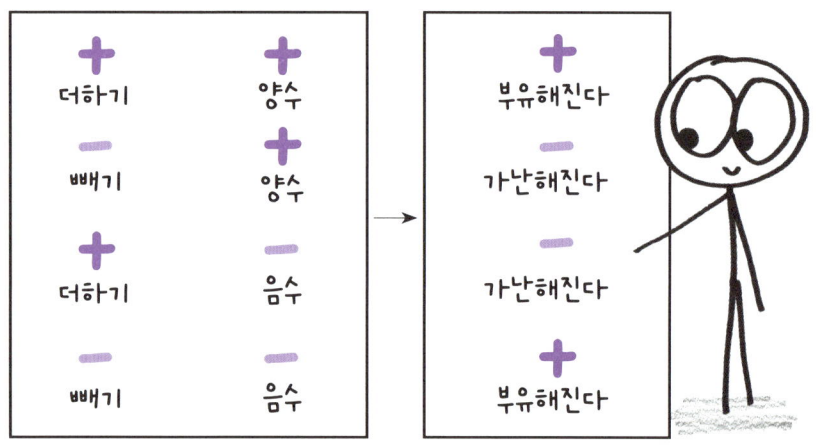

이 표를 보면 "음의 음은 양이다"라는 기이하지만 흔한 주장을 이해할 수 있다. 이것은 일반 규칙으로 보자면 말도 안 된다. 20달러를 빌리고 30달러를 또 빌린다고 해서 재산이 50달러 늘지는 않는다. 시인 W. H. 오든은 학창 시절 들은 옛 노래를 회상했다. "음 곱하기 음은 양이지. 이유는 논할 필요 없어."[13]

아니, 이유는 논할 필요가 있다. 그것은 반대의 반대가 원래의 것이기 때문이다. 낮의 반대는 밤이다. 밤의 반대는 낮이다. 따라서 '낮의 반대'의 반대는 낮이다.

"안 뛰지 마"라는 말은 뛰라는 뜻이다. 같은 논리로 음 곱하기 음은 반대의 반대다.

이 논리를 시연하면 학생들은 내가 신기한 카드 마술을 부린 것처럼 반응한다. 말하자면, 완전히 납득하지 못한다. 분명 어떤 손장난을 부렸다고 생각한다. 그러면 나는 음수가 그야말로 손장난임을 지적하지 않을 수 없다. 사실 음수를 송두리째 거부하는 것은 완벽하게 합리적이다.

흔히 '대수학의 아버지'로 불리는 9세기 수학자 알 콰리즈미에게 물어보라. 그는 2차 방정식을 푸는 법을 밝혀냈지만, 요즘 교과서에 나오는 형식인 $ax^2 + bx + c = 0$을 보여주면 마시던 차를 당신 얼굴에 뿜고는 말할 것이다. "이런 망발을 하다니! 세 수를 더하면 0이 된다고? 사과 몇 개에 사과 몇 개를 더하고 사과 몇 개를 또 더했는데 도합…… 사과가 하나도 없다고?"[14]

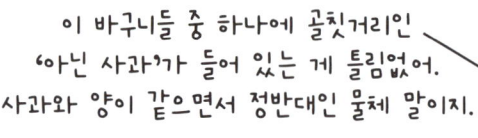
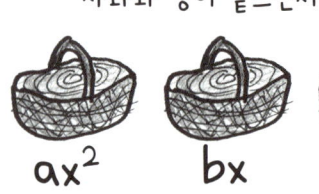
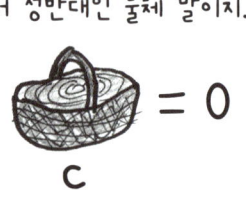

한 바구니가 다른 바구니와 같다는 것은 그보다는 말이 된다. 두 바구니를 합치면 세 번째 바구니와 같다는 것도 납득할 수 있다. 이것이 알 콰리즈미의 사고방식이다. 그가 푼 2차 방정식이 한 개가 아니라 여섯 개인 것은 이런 까닭이다. 각각의 방정식은 음수를 피하기 위해 세심하게 짜맞춰졌다.

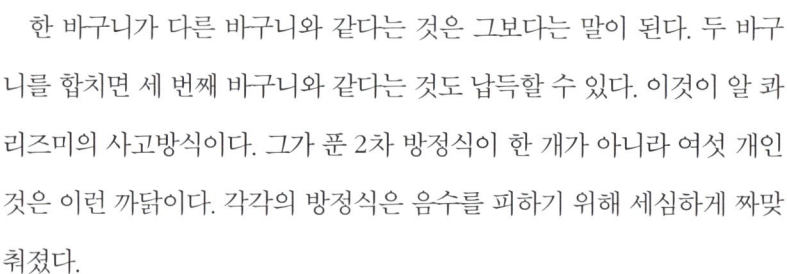
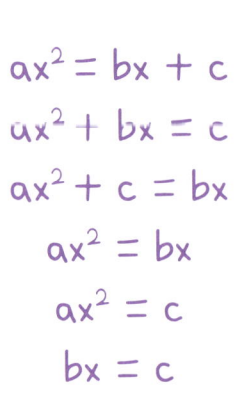

음수가 상상력을 쥐어짜게 한다는 데 동의한다. 하지만 상상력을 발휘하지 않으면 번거로운 일이 여섯 배로 많아진다. 한 번만 썩여도 되는 골머리를 반 다스에 걸쳐 썩이는 셈이다.

양수는 셈과 측정에 안성맞춤이다. 하지만 음수는 쓰임새가 다르다. 음수는 통합되고 조화로운 체계를 만든다. 음수가 있어 두 개념('해발'과 '해저')이 한 개념('고도')이 된다. 두 연산('덧셈'과 '뺄셈')이 한 연산(현대 대수에서는 모든 뺄셈을 '반수 덧셈'으로 간주한다)이 된다. 여섯 공식(알 콰리즈미의 너저분한 방정식들)이 한 공식(현대의 깔끔한 일반화)이 된다.

이렇게 음수는 수학을 간추려 개선한다. 음수는 뺌으로써 더한다. 오래된 농담과 같은 상황이다. 성격이 부정적이기로 유명한 사람이 파티에 도착하자 다른 손님들이 "어, 방금 누가 떠났지?"라고 물었다는 농담 말이다. 개선치고는 괴상한지도 모르겠지만, 어쨌든 책에서는 그것도 덧셈이라고 하니까.

분수

명절 파티에서 교수 한 명과 술을 마시다가 수학 교육의 원죄에 대해 개탄한 일이 있다. 그 원죄란 천 가지 실패를 낳는 한 가지 실패, 바로 분수다. 수많은 학생에게 분수는 천천히 커져가는 의심이요, 도무지 걷히지 않는 안개다.

교수가 힘주어 말했다. "학생들이 이해해야 하는 것, 우리가 가르쳐야 하는 것은 분수가 무엇보다 동치류*라는 걸세."

나는 터져나오는 웃음이 기침인 척했다. '물론이지, 친구. 근사한 계획이군. 분수란 'ad = bc인 경우에만 (a, b) = (c, d)인 동치관계를 이루는 정수 (a, b)의 순서쌍이다'라고만 말하면 되겠네. 왜 진작 몰랐을까?' 이런 생각이 들었지만 그저 고개를 끄덕이며 마음속으로 수학 교수들이 외계인이라는 증거의 목록을 업데이트했다.

몇 년 뒤 이 장을 위해 써둔 메모들을 관통하는 공통의 끈을 찾으려고 골머리를 썩이다 저 말이 망치처럼 내 머리를 후려쳤다.

당신이 이해해야 하는 것은…… 그러니까, 분수란 동치류라는 사실이다.

분수는 중간을 위한 언어다. 케이크를 통째로 살 때는(이를테면 3개, 4개, 17개) 범자연수**로 충분하다. 하지만 조각으로 사려면 분수가 필요하며

• 어떤 원소와 동치관계(반사적, 대칭적, 추이적 관계)를 만족하는 모든 원소의 집합
•• 0을 포함한 자연수

여기에는 두 수가 관여한다. 가로선 아래의 수는 **분모**로, 케이크 하나를 몇 조각으로 잘랐는지를 나타낸다. 가로선 위의 수는 **분자**로, 당신이 사려는 조각이 몇 개인지를 나타낸다.

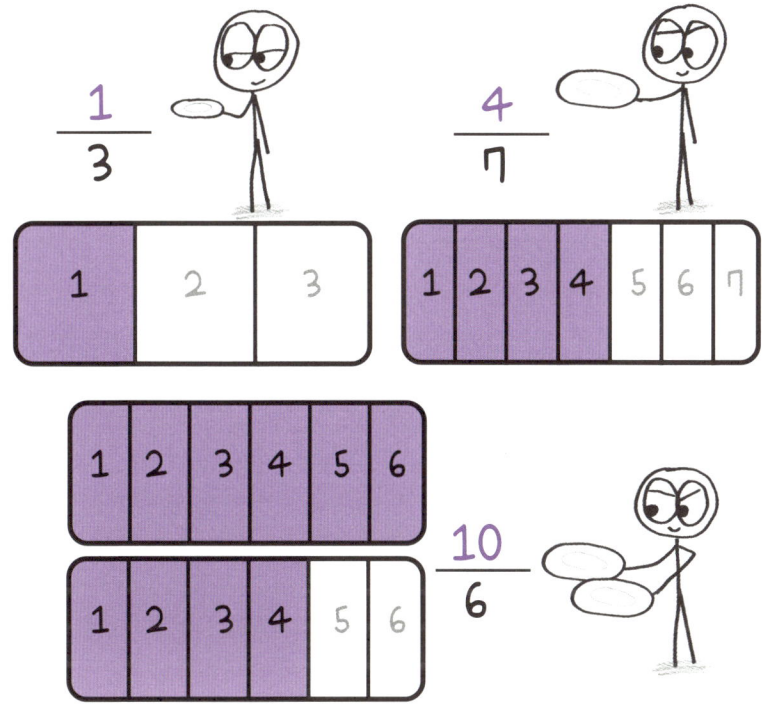

이 언어에는 어질어질한 특징이 있다. 바로 모든 분수에 무한한 동의어가 있다는 것이다. 수학 용어로 하자면, 분수는 **동치류**를 형성한다.

내가 케이크 반쪽을 원한다고 해보자. 두 조각으로 잘라 한 조각을 먹으면 된다. 네 조각으로 잘라 두 조각을 먹는 방법도 있다. 여섯 조각으로 잘라 세 조각을 먹어도 된다. 800조각으로 잘라 400조각을 먹어도 마찬가지다. 케이크가 부스러질까 봐 걱정할 필요는 없다. 수학에서의 분수는 추상적 개념이다. 원한다면 케이크를 100조 개의 얇은 조각으로 잘라 50조 개의 조각을 입안에 쑤셔넣을 수도 있다. 수학적으로는 두 조각으로 잘라 한 조각을 먹는 것과 매한가지다.

분수가 골칫거리인 것은 이 때문이다. 동의어가 무한히 많은 언어를 어떻게 다뤄야 하나?

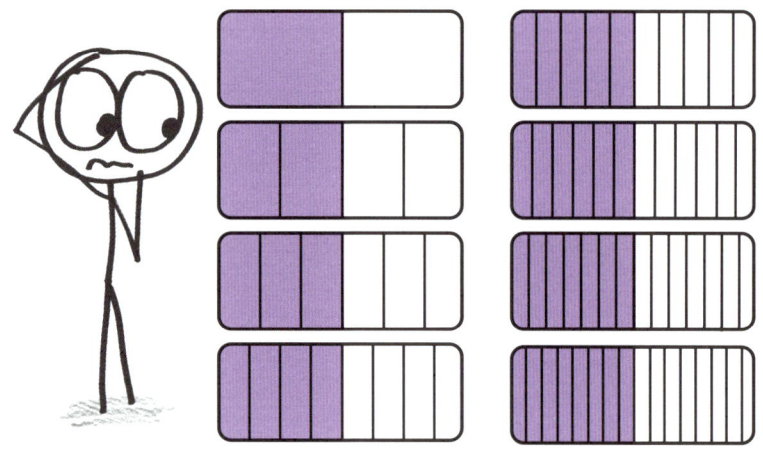

동의어의 미로에서 탈출하는 한 가지 방법은 필요 이상으로 자르지 않는 것이다. 가장 작은 수로 말하라. (이것을 '기약 분수'•라고 부른다.) $\frac{2}{10}$가 아니라 $\frac{1}{5}$이라고 말하라. $\frac{66,351}{88,468}$이 아니라 $\frac{3}{4}$이라고 말하라.

• 분자와 분모의 공약수가 1이어서 더 이상 약분할 수 없는 분수

이런 단순화는 대체로 환영받지만 가끔 제 발등을 찍기도 한다. 분수의 어려움을 피하려다 분수의 매력을 놓칠 수도 있다는 얘기다.

이를테면, 한 시간의 $\frac{3}{4}$을 표현하고 싶다면 동의어인 $\frac{45}{60}$를 쓰는 게 더 명확하지 않을까? 마찬가지로 한 세기의 $\frac{1}{4}$보다는 $\frac{25}{100}$가 더 쉽게 다가오지 않나? 미리 잘라놓은 양이 많다면 굳이 조각을 최대한 줄일 필요가 있을까?

1장 명사 · 수라고 불리는 사물

분수 동의어는 덧셈과 뺄셈에도 꼭 필요하다. 나는 케이크의 $\frac{3}{4}$을 원하고 당신은 $\frac{1}{6}$을 원하면 어떻게 잘라야 우리 둘 다 먹을 수 있을까? 케이크를 네 조각으로 자르면 당신의 조각이 너무 크다. 여섯 조각으로 자르면 내 조각들이 너무 작다. 어떻게 한담?

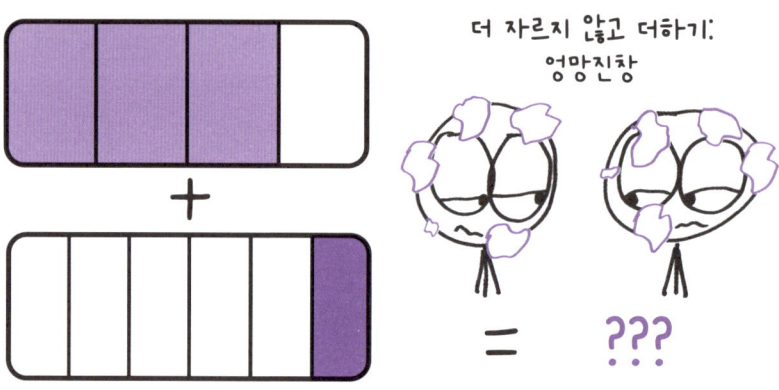

정답은 네 개로 나눌 수도 있고 여섯 개로 나눌 수도 있게 자르는 것이다. 열두 조각이면 딱이다. 이제 내 몫은 $\frac{9}{12}$이고 당신 몫은 $\frac{2}{12}$다. 합치면 $\frac{11}{12}$다. 동의어가 해결사다.

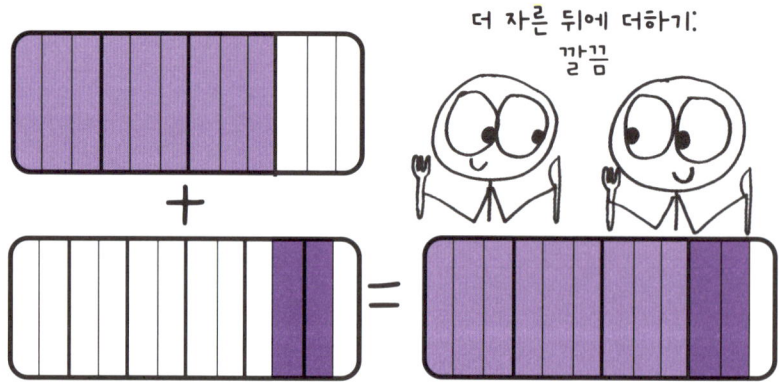

곱셈은 어떨까? 내게 케이크의 $\frac{4}{5}$가 있는데 그중 $\frac{2}{3}$를 당신에게 주고 싶어 한다고 해보자. 이번에도 동의어를 찾는 게 유리하다. 케이크를 더 잘게 잘라보자. 현재 나의 몫(5 조각 중 4 조각)의 각 조각을 세 조각으로 잘게 자른 다음(이제 나는 15조각 중 12조각을 가진 셈이다) 세 조각당 두 조각을 당신에게 주면 된다(그러면 당신은 15조각 중 8조각을 얻는다). 수학적으로 말하자면 $\frac{4}{5}$에 $\frac{2}{3}$를 곱해 $\frac{8}{15}$을 얻었다.

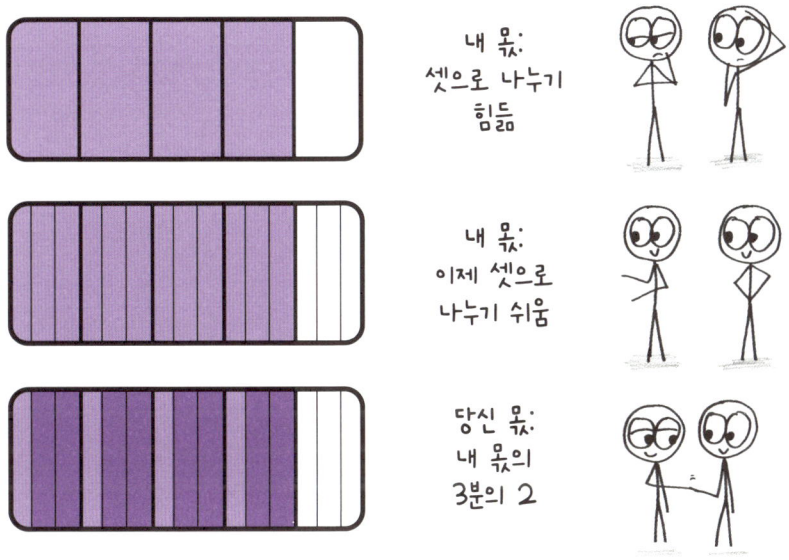

솔직히 말하자면 분수를 정말로 이렇게 곱하는 사람은 아무도 없다. 더 쉬운 방법이 있다. 분자와 분자를 곱하고 분모와 분모를 곱하면 된다. 4와 2를 곱하고 5와 3을 곱하면 결과는 $\frac{4}{5} \times \frac{2}{3} = \frac{8}{15}$이다. 골머리를 덜 썩이고도 같은 답을 얻었다.

하지만 이 방법은 수월한 만큼 위험도 따른다. 머릿속에 그림을 떠올릴 수 없기 때문이다. 생각하는 과정이라기보다는 생각하지 않는 과정에 가깝다. 그래서 무심결에 실수를 저지르기 쉽다.

이를테면, 학생들은 끼리끼리 곱하는 법을 배우고 나면 더하기도 끼리끼리 하기 십상이다. 그래서 $\frac{1}{4} + \frac{1}{6} = \frac{2}{10}$라는 터무니없는 계산을 내놓는데, 이러면 전체가 부분의 합보다 작아진다. 학생들이 "분수 덧셈을 이렇게 하면 되나요?"라고 물으면 나는 마치 "포크를 콘센트에 꽂아도 되나요?"라는 질문을 받았을 때처럼 스트레스 호르몬이 치솟는다.

우리는 분수를 피할 도리가 없다. 고등학생이 고뇌하고 있다면 아마 분수에 대한 은밀한 거북함 때문일 것이다. 그것은 아동기 기억처럼 그들을 따라다니는 불안이다.

궁금하면 레스토랑 체인 A&W에 물어보라. 1980년대에 A&W는 신제품 '서드파운드'(3분의 1파운드) 햄버거를 열심히 홍보했다. 맥도날드의 '쿼터파운더'(4분의 1파운드)와 가격이 같고, 설문 조사에 따르면 맛도 전혀 뒤지지 않았다. 그런데도 실패했다. 사람들은 심드렁했다. "고기가

3분의 1파운드밖에 안 들어갔는데 왜 4분의 1파운드와 같은 값을 내야 하지?"[15]

"고객은 언제나 옳다"라고 말하는 사람은 $\frac{1}{3}$이 $\frac{1}{4}$보다 작다고 우기는 고객을 만나본 적이 없는 사람이다. 그런데 이 고객도 나름대로는 **옳다**. 분수의 어려움을 옳게 보여주고, 무한한 동의어라는 가면을 가진 수를 비교하는 일이 얼마나 까다로운지 옳게 보여주니 말이다. $\frac{1}{3}$이 $\frac{1}{4}$보다 크다는 사실을 아는 사람조차도 $\frac{3997}{4001}$과 $\frac{4996}{5001}$을 비교하라면 애를 먹을 것이다.

물론 어떤 빵집도 제품을 5001조각으로 자르진 않는다. 하지만 수학은 나이프와 빵 부스러기에 구애받지 않는다. 수학의 별미는 혀가 아니라 뇌를 만족시킨다.

소수

일전에 내가 그린 만평을 일주일에 200만 명이 본 적이 있었다. 내 블로그의 1년 방문자 수보다 많은 숫자였다. 당연히 그 만평의 농담은 내가 생각해내지 않았다. 인터넷에서 가장 친절한 수학 교사인 하위 와가 제안했다. 그는 그림으로써 깊고 원초적인 갈등을 들쑤셨다.

분수는 내게 매혹적이다. 마치 동네 빵집처럼 케이크를 내가 원하는 대로 선뜻 잘라준다. ("17조각으로 잘라서 그중에 14조각 달라고요? 여기 있습니다, 손님.") 하지만 이따금 소수의 카리스마를 보고 싶을 때도 있다. 소수는 냉담한 산업적 연산자로, 케이크를 10조각으로 자르는 자동화 공장이다. 언제나 더도 덜도 아닌 10조각이다.

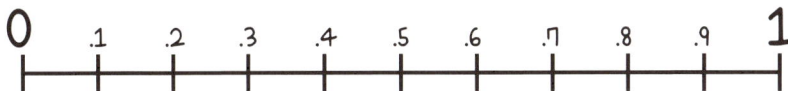

더 세밀한 눈금이 필요한가? 10분의 1을 각각 다시 10분의 1로 자르면 된다.

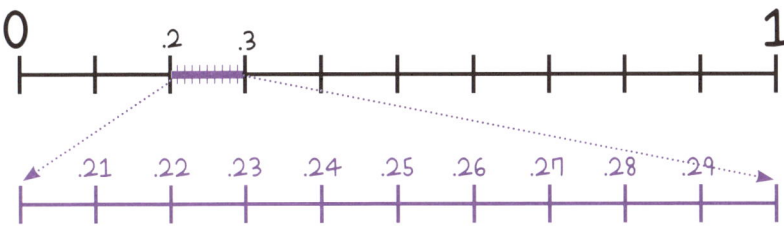

여기서 더 세밀하게 해달라고? 그걸 다시 각각 10분의 1로 잘라보라.

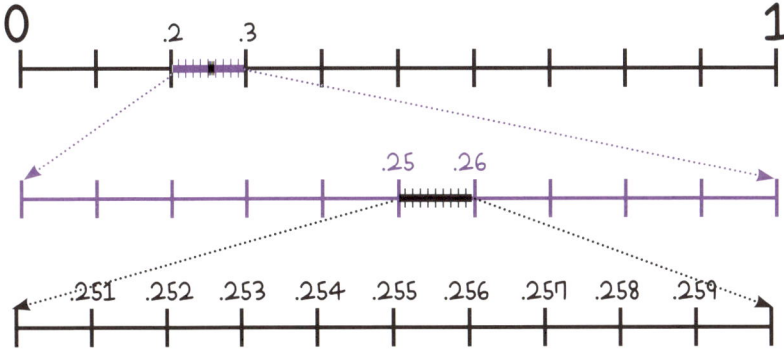

이런 식으로 소수小數는 10진수 체계의 논리를 확장한다. 10의 열 배의 열 배로 큰 수를 만드는 것과 마찬가지로 10분의 1의 10분의 1의 10분의 1을 이용하면 작은 수를 나타낼 수 있다. 실제로 수학자들은 '소수decimal'

를 '10진수 base ten'의 동의어로 쓴다.

10씩 한없이 올라가고 10씩 한없이 내려간다.

이 방법의 이점은 부정할 수 없다. 분수는 비교하기 힘들 때가 있지만 ($\frac{17}{25}$은 $\frac{54}{80}$보다 클까, 작을까?) 소수는 식은 죽 먹기다(0.680은 0.675보다 분명히 크다). 마찬가지로 분수 연산에는 까다로운 새 알고리즘이 필요하지만($\frac{3}{8}$ + $\frac{2}{5}$를 계산하려면 $\frac{15}{40}$ + $\frac{16}{40}$으로 통분해야 한다) 소수 연산은 그럴 필요가 없다 (0.375 + 0.400은 딱 봐도 0.775다).

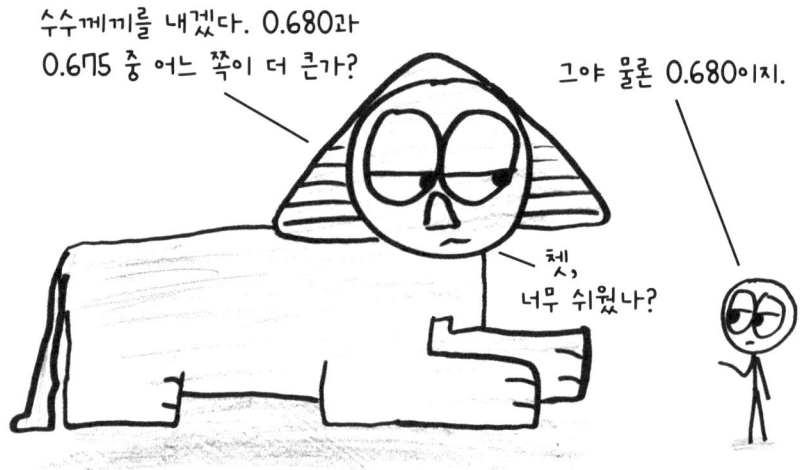

하지만 이 강점의 이면에는 지독한 결함이 숨어 있다. 소수의 언어로는 말할 수 없는 개념이 있다는 것이다. 낱말로 나타낼 수 없는 생각, 이름 붙일 수 없는 수가 존재한다.

$\frac{1}{3}$을 예로 들어보자. 흔하고 단순한 양인데도 소수로는 말할 수 없다. 3분의 1은 시스템의 균열 틈새로 빠져나간다. 0.3과 0.4 사이에, 0.33과

0.34 사이에, 0.3333333과 0.33333334 사이에 놓여 있다. 이런 어림으로는 $\frac{1}{3}$에 한없이 가까워질 수는 있지만 결코 도달할 수 없다. $\frac{1}{3}$ 자체를 표현하려면 무한한 길이의 소수, 끝없는 3의 행렬이 필요하다. 손에 쥐가 나고 공책이 바닥나고 숫자의 행렬이 우주의 가장자리에 이르더라도, 어떤 이유로든 3의 행진이 멈추었다면 당신은 $\frac{1}{3}$이라는 수를 표현한 것이 아니다. 한낱 어림에 불과하다.

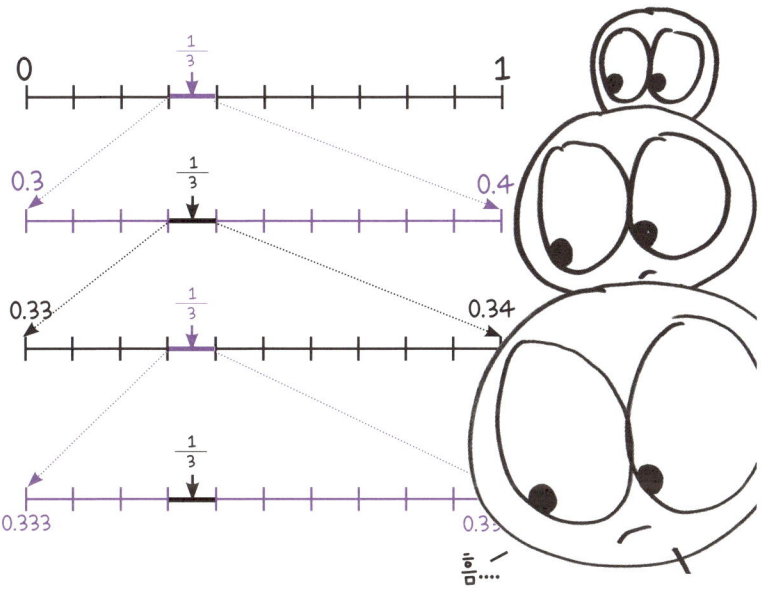

어림이 잘못이라는 말이 아니다. 대개는 그걸로 충분하다. 이를테면, 치실이 1미터의 $\frac{1}{3}$만큼 필요한 사람에게 0.333은 신용카드 두께만큼, 0.33333은 머리카락 굵기만큼, 0.3333333333333333333333333333333333은 측정 가능한 최소 길이만큼 차이가 나는 치실을 줄 것이다. 더 나아갈 이유가 없다. 양자역학으로 인한 한계는 누구나 받아들인다. 치실을 쓰는 사람도 예외가 아니다.

그럼에도 소수가 정확하기로 정평이 나 있다는 것은 우스꽝스러운 일이다. 사실은 정반대. 소수는 어림의 언어다. 소수의 수학은 '그만하면 충분해'의 수학이다.

어쨌거나 $\frac{1}{3}$과 같은 소수는 없고, 헛되이 영원을 추구하다 지구의 펜을 소진할 수는 없으므로 우리는 더 창의적인 접근법을 택한다. 즉, 반칙을 쓴다. $0.\dot{3}$('영 점 순환마디 삼'이라고 읽는다)이라고 쓰고 승리를 선언한다.

무한히 길게 반복되는 소수를 유한한 종이와 끈기만 가지고 쓰는 법
$0.3333333333333\ldots \rightarrow 0.\dot{3}$
$0.189\,189\,189\,189\,189\,\ldots \rightarrow 0.\dot{1}8\dot{9}$
$0.4682\,67\,67\,67\,67\,67\,\ldots \rightarrow 0.4682\dot{6}\dot{7}$

열한 살 학생들을 처음 맡아 해가 $\frac{2}{3}$나 $\frac{5}{6}$인 문제를 낸 적이 있다. 나는 학생들이 분수를 답으로 쓸 줄 알았다. 어림도 없었다. 학생들은 분수로 표현하는 것을 거부하고 $0.\dot{6}(0.666666666\cdots\cdots)$이나 $0.8\dot{3}(0.83333333\cdots\cdots)$이라고 썼다. 이 바보짓을 끝장내고 싶었다. 그래서 이렇게 말했다. "너희가 두 가지 언어를 말한다고 상상해봐. 한 언어에는 '문'을 가리키는 낱말이 있어. 그런데 다른 언어에는 없어서 '똑똑똑똑……'으로 시작해 이 음절을 영원히 반복해야 해. 문에 대해 이야기할 때 어느 언어를 쓰고 싶니?"

교실에는 '똑똑똑똑'의 합창이 울려퍼졌다. 이번 경기는 소수 팀이 이겼다.

반올림

　당신이 길을 걷다가 한 도사를 만난다. 펄럭거리는 도포와 이글거리는 눈빛으로 보건대 진짜 도사가 틀림없다. 그가 질문을 하나 받아주겠다기에 당신이 묻는다.

　"지금의 문명이 얼마나 오래갈까요?"

　"1000년이니라."

　도사가 귓속말로 대답한다.

　이에 당신은 안심하여 가던 길을 간다. 1000년은 긴 시간이다. 어쨌거나 칼같이 1000년 뒤에 끝날 거라 생각할 이유도 없다. 1017년일 수도 있고 1194년일 수도 있다. 끝이 하도 시나브로 찾아와 몇 년 뒤인지 꼬집어 말하지 못할 수도 있다.

　어라, 잠깐만. 내가 전달을 잘못했다. 도사가 실제로 건넨 귓속말은 그다지 위안이 되지 못했다.

　"999년 119일 14시간 33분이니라."

이 암울한 사고실험은 수학 문법의 중요한 요소인 반올림을 잘 보여준다. 반올림은 수를 특정 정밀도로 표현하는 것이다. 이를테면, 내 책 『이상한 수학책』의 낱말 개수(82,771)를 가장 가까운 1000단위로 나타내 보자.[16] 이 경우는 이 수의 앞뒤에 있는 1000단위(82,000과 83,000)를 찾아 둘 중에서 더 가까운 쪽을 선택한다. (딱 중간인 82,500은 어느 쪽으로도 갈 수 있지만 일반적으로는 반올림한다.)

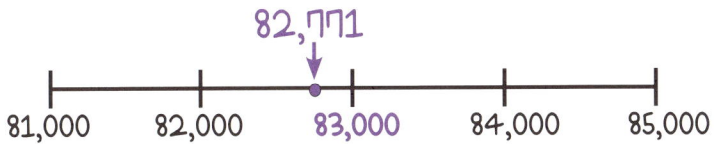

반올림은 세세한 차이를 얼버무린다. '83,000개 남짓한 낱말'은 실제로는 82,500개와 83,500개 사이 어디든 있을 수 있다. 10,000단위로 반올림하면 '80,000개 남짓한 낱말'은 적게는 75,000개일 수도 있고 많게는 85,000개일 수도 있다. 꽤 넓은 범위다. 그래서 이런 궁금증이 든다. 대체 어떤 교활한 사기꾼이 세세한 차이를 일부러 얼버무리고 싶어 하는 거지?

아니, 현실이라고 불리는 이 아수라장에서 우리가 세세한 차이를 얼버무리는 것은 세세한 차이가 이미 얼버무려졌기 때문이다. 물리학자 닐스 보어는 이렇게 말했다. "결코 자신이 생각할 수 있는 것보다 더 뚜렷하게 표현하지 말라."

수는 막연한 목적에 쓰일 때가 있다. 이를테면, 『이상한 수학책』을 읽는 데 시간이 얼마나 걸릴지 궁금할 때 낱말 82,771개를 일일이 따지는 정밀도는 불필요하다. 오히려 오해를 유발한다. 읽는 속도는 그때그때 다르다. 이것은 자신이 시속 40킬로미터로 달릴지 120킬로미터로 달릴지 모르면서 주행 거리를 소수점 아래 첫째 자리까지 계산하는 것과 같다.

그런가 하면 부정확한 측정 과정에서 수가 도출되기도 한다(실은 모든 측정 과정은 부정확하다). 어떤 피펫도 완벽하지 않다. 어떤 스톱워치도 결백하지 않다. 세 살배기의 키를 재면서 '93.7센티미터'라고 말하는 것은 정밀도에 대한 허위 주장이다. '94센티미터'(아이가 꼼지락거리는 정도에 따라서는 '90센티미터')라고 말하는 편이 더 솔직하다.

찰스 세이프는 『입증 강박 Proofiness』에서 자연사 박물관 안내인에 대한 농담을 들려준다. 안내인은 관람객들에게 티라노사우루스 렉스 화석이 65,000,038년 됐다고 말했다. 누군가 물었다. "우와, 어떻게 그렇게 정밀하게 측정할 수 있었죠?" 안내인이 설명했다. "제가 여기 취직했을 때 6500만 년 됐었거든요. 그때가 38년 전이었어요."

뭐가 잘못됐는지는 명백하다. 반올림한 수(100만 단위일 때의 6500만)를 정밀한 수(1단위일 때의 6500만)로 착각한 것이다. 완벽하게 알 수 없는 세상에서 완벽하게 안다는 것은 환상이다. 세이프는 이런 오류를 '반어림 disestimation'이라고 부른다. 어림의 반대라는 뜻이다.[17]

알고 보면 세상은 반어림으로 가득하다. 나는 인간 체온이 98.6°F라는 얘길 듣고 자랐다.[18] 사실 체온의 정상 범위는 97°F(더 낮을 수도 있다)에서 99°F(더 높을 수도 있다)까지다. 마치 누군가 체온을 37℃로 측정한 다음 화씨로 환산하고서, 37℃가 애초에 반올림한 값이라는 걸 깜박한 것 같다.

정상 체온을 0.1°F 단위로 나타낼 수는 없다. 그렇게 딱 떨어질 수가 없다.

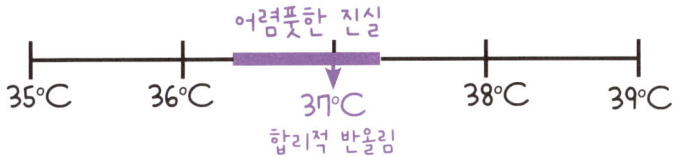

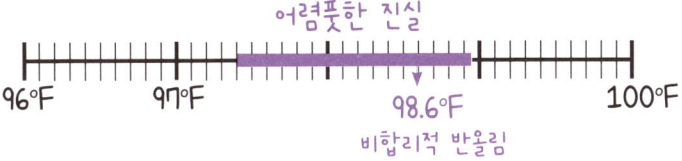

수가 어렴풋한 근본 원인은 세계 자체가 속절없이 어렴풋하기 때문이다.

이를테면, 『이상한 수학책』의 낱말 개수가 82,771개라는 말은 무슨 뜻일까? 이 숫자에는 미주가 포함될까? 삽화에 실린 낱말은? 6 + 4 = 10 같은 등식은 한 낱말일까, 다섯 낱말일까? 어느 쪽을 선택하는가에 따라 결과가 달라진다. 82,775개가 될 수도 있고 82,894개가 될 수도 있다. 어느 수가 옳은지는 누가 결정하나? 애초에 '옳은' 수가 있다고 누가 말할 수 있나?

값이 수백 단위로 오르락내리락하면 82,771의 끝 세 자리는 무의미하다. 83,000으로 반올림하는 게 우리의 실제 지식 상태를 나타내는 데 더 알맞다.

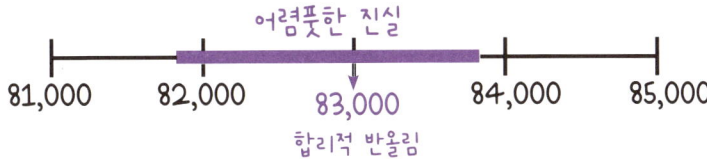

현대 문명의 가장 어리석은 고질병은 아무 데서나 정밀성을 기대하는 습관이다. 나도 여기서 자유롭지 못하다. 올림픽 100미터 달리기 기록의 측정 단위가 0.001초가 아니라 0.01초인 것을 놓고 투덜거린 기억이 난다. 나는 이렇게 성토했다. "더 좋은 스톱워치를 못 사서 그런 거야? 내가 6달러짜리 하나 사다줘야 해?"

그러다 깨달았다. 단거리 달리기 선수가 0.001초 만에 주파하는 거리는 1센티미터가 될까 말까다. 유니폼이 펄럭이고 머리카락이 흩날리는 것을 감안하면, 선수의 위치를 그 짧은 거리 이내에서 특정할 수 있을까? 여기서 제약 요인은 시간이 아니라 공간이다. 문제는 우리가 측정하지 못한다는 것이 아니라 현실이 측정되지 못한다는 것이다.

반올림은 막연한 세계에 걸맞은 막연한 언어다.

모든 분야의 과학자들이 분수보다 소수를 선호하는 것은 반올림의 필요성 때문이다. 소수는 원하는 정밀도 수준을 나타내기가 식은 죽 먹기

다. 5.0킬로그램짜리 수박은 0.1킬로그램 단위로, 5.000킬로그램짜리는 0.001킬로그램 단위로, 5.00000000000000000000000킬로그램짜리는 탄소 원자 크기 단위로 가장 가까운 값까지 측정된 것이다. 분수로는 이렇게 명확하게 보여주지 못한다. 사과 무게가 $\frac{1}{5}$ 킬로그램이라고 말해서는 부엌 저울이 얼마나 신뢰할 만한지 또는 오락가락하는지 알려주기 힘들다. 수학자에게 분수는 정밀성의 화신이다. 즉, 분수는 정확성의 언어이며 부정확한 세계에는 맞지 않다.

마무리로 우리 도사님의 귓속말을 다시 들여다보자. 그는 997년 119일 14시간 33분이라고 말했다. 이런 정밀한 언어는 정밀한 사건을 전제한다. 따라서 우리 문명은 로마 제국의 몰락이나 록 음악의 쇠퇴처럼 점진적으로 무너지지 않을 것이다. 종말은 분 단위까지 예측할 수 있다. 아마겟돈은 찰나에 찾아올 것이다.

그게 아니고 우리가 운이 좋다면, 도사님이 그저 반어림의 잘못을 저지른 것일 수도 있지.

큰 자릿수

　동물 만지기, 호박 동산, 트랙터 타기 등 농장에는 즐길거리가 산더미였다. 그런데도 네 살배기 프리다가 우리를 대뜸 옥수수 놀이터로 이끄는 이유를 납득할 수 없었다. 정말이니, 얘야? 옥수수로 가득한 구덩이에 가고 싶다고? 하지만 가 보고서 납득했다. 건초 더미로 둘러싸인 물놀이장 여러 개 넓이의 공간에, 눈으로 셀 수 없을 만큼 많은 옥수수알이 허리 높이까지 들어차 있었다.

　당시 두 살이던 우리 아이에게 세상에 대한 지혜를 모조리 끌어모아 말했다. "저건 아주 많은 옥수수란다."

　얼마나 많을까? 알아내야 했다. 둘레를 걸음으로 재고 우물우물 암산하여 낟알 개수를 3억 개로 추정했다. 미국 인구와 엇비슷했다. 시인인 프리다 엄마가 적절한 시적 도약을 단행하여 말했다. "얘들아, 여기 옥수수알은 우리 나라의 모든 사람에게 하나씩 돌아간단다. 네 것을 찾아보렴."[19]

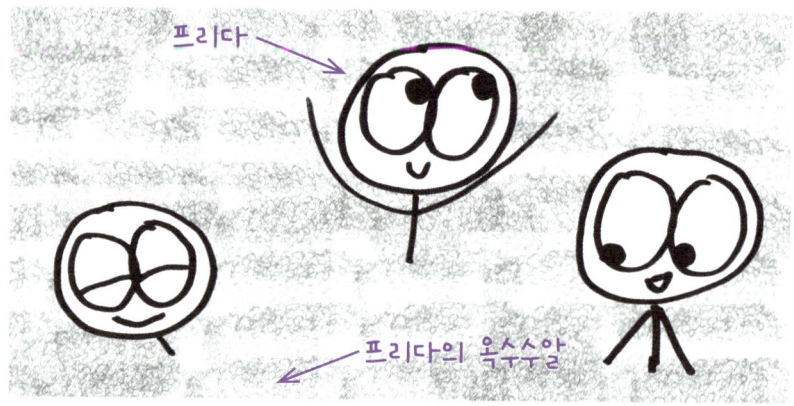

나는 큰 수를 좋아한다. 큰 수를 상상하는 것도 좋아한다. 큰 수를 상상하지 못하는 것도 좋아한다. 이름 붙이는 것조차 불경스럽게 느껴질 정도로 큰 양을 좋아한다.

고대인들이 모두 이런 매력에 빠져든 것은 아니다. 로마 숫자에도 큰 수를 나타내는 기호가 있었다. ⓒ는 10,000이고 ⓓ는 100,000이었는데, 둘 다 점점 쓰이지 않게 되었다. 일상생활에서는 M, 즉 1000도 충분히 컸다.[20] 하지만 우리 현대인은 어마어마한 양과 부대끼며 살아간다. 도시에는 수백만 명이 살고 소셜 네트워크 가입자는 수십억 명이고 오가는 정보는 100경 바이트에 이른다. 무진장한 삶에는 무진장한 언어가 필요하다.

무진장한 언어의 중요한 어휘로 '지수'가 있다. 지수는 다른 수의 어깨에 앉은 작은 위첨자다. 그 의미는 '아래 수를 이 횟수만큼 곱하라'다. 이를테면, 10^2은 10×10(즉 100)이고 10^6은 $10 \times 10 \times 10 \times 10 \times 10 \times 10$(즉 100만)이다. 그래서 지수가 조금만 달라져도 결과가 엄청나게 달라진다. 10^{19}은 10^{18}보다 10배 크며 10^{13}보다는 100만 배 크다. 이러한 10의 거듭제곱을 **자릿수**라고 부르기도 한다.

이름	거듭제곱	숫자
일		1
십	10^1	10
백	10^2	100
천	10^3	1000
만	10^4	10,000

십만	10^5	100,000
백만	10^6	1,000,000
천만	10^7	10,000,000
억	10^8	100,000,000
십억	10^9	1,000,000,000
백억	10^{10}	10,000,000,000
천억	10^{11}	100,000,000,000
조	10^{12}	1,000,000,000,000
십조	10^{13}	10,000,000,000,000
백조	10^{14}	100,000,000,000,000
천조	10^{15}	1,000,000,000,000,000

어라, 왜 거기서 멈추나? 태평양에 담긴 물의 양은 10^{20}갤런이고,[21]• 지구의 무게는 10^{25}파운드다. 관측 가능한 우주에 있는 원자 개수는 10^{80}개다. 체스 대국의 가짓수는 10^{120}가지이고 바둑은 10^{500}가지다.[22] 벌써 어질어질하다고?

물론 그럴 것이다. 이렇게 큰 양을 머릿속에 그릴 수 있는 사람은 아무도 없다. 그러기는커녕 10^6과 10^9도 못 다룬다. 최근 3년간 《로스앤젤레스 타임스》는 '백만'과 '십억'을 23번 뒤바꿔 썼다.[23] 이에 뒤질세라 《뉴욕 타임스》는 같은 오류를 38번 저질렀다. 월가에서는 이런 착오(이를테면 투자은행 베어스턴스의 거래인 하나가 주식 4백만 달러어치를 팔려다 4십억 달러 매

• 약 1.87×10^{20} 갤런을 제시하는 자료도 있다.

도 주문을 낸 경우)를 '굵은 손가락fat finger' 실수라고 부른다.[24] 새로 당선된 하원의원이 가족 자산을 1십억 달러로 신고했다가 슬그머니 1백만 달러로 고친 적도 있다.[25]

우리는 이런 실수를 언어 탓으로 돌리고 싶어 한다. 'million(백만)'과 'billion(십억)'은 글자 하나만 다르고, 10^6과 10^9은 숫자 하나만 다르고, 1,000,000과 1,000,000,000은 쓸모없어 보이는 0 세 개 차이니 말이다. 근사한 현대 표기법을 버리고 옛 탤리마크˚로 돌아가면 차이를 뚜렷이 나타낼 수 있다. 백만 개의 획은 이 책을 빼곡히 채울 것이고 십억 개의 획은 책장 여섯 개를 채울 것이다. 그러니 혼동할 염려가 없다. 하지만 말할 필요도 없이 책장 여섯 개 분량의 획을 긋는 것은 고역일 것이다. 큰 수를 다룰 때 약간의 헷갈림은 간결함의 대가다.

그렇다면 학자 더글러스 호프스태터가 '수각 상실number numbness'이라고 이름 붙인 이 어지럼증을 어떻게 이겨낼 수 있을까?[26] 구체적으로 표현하면 도움이 된다. 다음 표에서는 어느 단위에서든 백만과 십억의 차이가 똑똑히 드러난다.

단위	100만	10억
달러	번듯한 주택을 살 수 있다	100층 빌딩을 살 수 있다
사람	캘리포니아주 새너제이 인구	서양 인구

• 1을 획 하나로 나타내는 1진법 표기법을 말한다.

단위	100만	10억
초	약 12일	약 32년
피트	뉴욕시에서 보스턴까지의 거리	뉴욕시에서 달까지의 거리
바이트	비틀즈의 노래 〈엘리너 릭비Eleanor Rigby〉 오디오 파일(앞부분 절반만)	비틀스가 발표한 모든 곡의 오디오 파일(각 두 개씩)
열량	한 사람이 16개월 동안 버틸 분량	한 사람이 1300년 동안 버틸 분량

존 앨런 파울로스는 『숫자에 약한 사람들을 위한 우아한 생존 매뉴얼』에서 각각의 수에 대해 생생한 이미지를 암기하라고 조언한다.[27] ('1만은 후지산을 트럭으로 옮기는 데 걸리는 대략적 햇수' 식으로 말이다.) 나는 한발 더 나아가겠다. 최대한 많은 이미지를 암기하라. 자연스럽고 의미 있는 단위를 하나 골라서 이미지의 탑을 쌓으라. 자릿수마다 이미지를 하나씩 대응시키며 올라갈 수 있는 데까지 쌓아 올리라.

이를테면, 각각의 수를 인구로 간주해보라.

사람		인구
1		원룸 아파트
10		두 가족이 사는 집
100		아파트 한 동
1000		농촌 읍
1만		교외 주거지

사람	인구
10만	소도시
100만	대도시(예: 오스틴)나 작은 나라(예: 지부티)
1000만	거대도시(예: 벵갈루루)나 중간 규모의 나라 (예: 그리스)
1억	큰 나라(예: 이집트)나 큰 소셜 네트워크(예: 트위치)
10억	거대한 나라(예: 인도)나 거대 소셜 네트워크 (예: 틱톡)
100억	전 세계에다 덤으로 중국 하나 더
1000억	지금껏 살았던 모든 인간

애석하게도 1조에 도달하기도 전에 이미지가 동났다. 나는 10^5을 대형 경기장으로, 10^6을 대통령 취임식 인파로 머릿속에 그릴 수 있지만 10^7에 가서는 마음의 눈도 포기한다. 그런 규모의 군중은 파리 도시 구역 전체 주민, 도미니카공화국 인구, 대히트 동영상 조회수일 텐데, 이미지로 떠올리기엔 너무 분산되어 있다. 그들은 팩트로만 존재한다. 막연하며 추상적이다.

작가 애니 딜러드는 이렇게 쓴 적이 있다. "중국에는 지금 1,198,500,000명이 산다. 그 의미를 실감하려면 당신 자신에, 즉 모든 독특성과 중요성과 복잡성과 사랑이 깃든 당신이라는 존재에 1,198,500,000을 곱하면 된다. 알겠지? 간단하잖아."[28] 물론 딜러드도 알다시피 그건 불가능하다. 그런데도 우리는 수십억을 상상하려고 끊임없이 시도한다. 그것은 우리가 수십억 명이라는 단순하고 확실한 이유에서다.

요긴한 또 다른 단위로는 소박한(정치적 관점에 따라서는 사악한) 달러도 있다.

달러	값
1	초코바
10	책
100	저렴한 개집
1000	고급 개집
1만	차고
10만	이동식 주택
100만	다가구 주택(도시에 따라서는 투룸 아파트)
1000만	중간 규모 도시의 공공 도서관
1억	대학 과학관
10억	100층 빌딩
100억	인디애나주 게리의 전체 부동산
1000억	인디애나폴리스의 전체 부동산

달러	값
1조	보스턴의 전체 부동산
10조	영국의 전체 부동산
100조	미국의 전체 부동산
1000조	세상 모든 것

다시 말하지만, 상상력은 사다리 중간에서 멈춘다. 나는 10^6달러(평범한 미국 노동자의 20년 소득)는 그려볼 수 있지만 10^7달러(같은 노동자의 200년 소득)는 쉽게 감을 잡기 힘들다. 토머스 하디의 소설 『탑 위의 둘 Two on a Tower』 속 한 구절이 떠오른다. "위엄이 시작되는 크기가 있다. 더 나아가 장엄이 시작되는 크기도 있다. …… 더 나아가 오싹함이 시작되는 크기도 있다."[29] 10^5달러가 위엄이고 10^6달러가 장엄이면 10^7달러는 뭘까?

자릿수를 엄청난 부의 오싹함으로 끝맺고 싶진 않다. 마지막으로, 자본주의의 허무한 풍요가 아니라 시간의 풍요로운 허무를 곱씹어보자.

…년 전	탄생
1	현재 아기
10	현재 초등학교 4학년
100	우리 조부모

…년 전	탄생
1000	불꽃놀이를 본 최초의 사람
1만	최초의 도시 거주민
10만	언어를 구사한 최초의 인류
100만	석기를 쓴 최초의 고인류
1000만	고릴라의 조상과 겹치지 않는 우리의 첫 조상
1억	최초의 포유류
10억	최초의 다세포 생물
100억	최초의 은하

 이 크기를 어떻게 실감할 수 있을까? 나도 궁금하다. 무슨 뜻인지도 모르면서 즐겨 암송하는 시가 있는 것처럼 나는 시간의 낟알을 손으로 퍼 올리며 누구에게라고 할 것도 없이 "저건 아주 많은 옥수수란다"라고 웅얼거리는 것을 좋아한다.

과학적 기수법

나는 영국에 살 때 수학 언어의 사소한 차이를 기록해두었다. 영국과 미국의 방언은 표기가 약간 다르다. 다음은 내가 좋아하는 사례들이다.

	미국 방언	영국 방언	누가 옳을까?
부등변 사각형	Trapezoid	Trapezium	영국. 'Trapezoid'는 1700년대 어떤 작자의 오타로 거슬러 올라간다.[30]
3^7 또는 10^{-5} 같은 지수	Exponent	Index	미국. 영국인이 단수형을 올바른 'index'가 아니라 끔찍한 'indice'로 쓸 때는 더 처참하다.
수학	Math	Maths	어느 쪽이든 괜찮다.[31] 그렇지 않다고 주장하는 사람은 트집쟁이다.

하지만 무엇보다 놀라운 차이가 하나 있다.

	미국 방언	영국 방언	누가 옳을까?
6.02×10^{23}	Scientific notation (과학적 기수법)	Standard form (표준 형식)	여기서 설명할 예정

나를 배타주의자로 불러도 좋다. 하지만 이 점에서는 미국의 손을 들어주고 싶다. 내가 생각하는 '표준 형식'은 '8,200,000,000'이나 '82억'이

다. 당신의 고모와 삼촌에게 8.2×10^9을 보여주면 그들은 "아, 과학자들이 쓰는 표기법이구나"라고 하지 "아, 수를 표기하는 표준 형식이구나"라고 하지는 않을 것이다.

영국의 방식을 이해 못 하는 바는 아니다. 과학적 기수법은 (비록 뉴스나 가족 대화에서 표준적이지 않지만) 마땅히 표준적이어야 하기 때문이다.

큰 수는 알아보기 힘들 수 있다. 80000000(튀르키예 인구), 800000000(유럽 인구), 8000000000(지구 인구)의 차이는 어마어마하지만 맨눈으로는 잘 구분할 수 없다. 숫자 0을 하나씩 고생스럽게 세어야 한다. 두통을 예방하기 위해 세 자리마다 구분 기호로 쉼표를 찍어보자. 튀르키예는 80,000,000, 유럽은 800,000,000, 세계는 8,000,000,000이다.

하지만 길이가 도를 넘으면 쉼표도 소용없다. 800,000,000,000,000,000,000,000,000,000,000,000,000을 눈으로 가늠해보라. 8정正일까, 8재載일까? 아니, 정답은 고사하고 재가 대체 몇이지? 분명 새로운 방법이 필요하다.

이제 과학적 기수법이 등장할 차례다. 개념은 간단하다. 수를 명명할 때 우선 자릿수를 명명한 다음 그 자릿수가 몇 개인지 쓰면 된다.

수	자릿수	몇 개?	따라서 표기는?
5,880,000,000,000 (마일로 나타낸 광년)	조(10^{12})	5.88(조)	5.88×10^{12}
340,000,000(미국 인구)	억(10^8)	3.4(억)	3.4×10^8
602,200,000,000,000,000,000,000(1몰의 원자 개수)	천해(10^{23})	6.02(천해)	6.02×10^{23}

과학적 기수법은 오른쪽에서 왼쪽으로 읽는 게 편리하다. 중요한 것은 자릿수이기 때문이다. 그런 다음 더 세밀하게 승수를 확인한다. 그러므로 3.4×10^8은 억 단위이며 더 세밀하게는 3억 4000만이다.

이 접근법은 과학자들에게만 쓸모가 있는 것이 아니다. 변호사 자격을 가진 비영리 단체 최고경영자이자 자칭 '수학 문외한'인 나의 새어머니 라크가 예산 항목을 이해하는 방법을 설명해준 적이 있다. "우선 우리가 이야기하고 있는 수의 단위를 알아야 해. 만 달러 규모니? 아니면 천 단위에 불과하니? 그것도 아니면 십만 단위니? 그런 다음 정확히 몇인지, 이를테면 3000인지 8000인지 말하면 된단다."

그게 바로 수학자들이 생각하는 방법이라고 말씀드렸더니 새어머니는 내가 '수학자'가 아니라 '살인 청부업자'라고 말한 것처럼 매섭게 쏘아보았다. 새어머니에게는 죄송하지만 두 방법 사이에는 분명 연관성이 있다. 과학적 기수법은 상식을 형식화한 것에 불과하다. 그야말로 수에 대한 생각을 나타내는 표준적 형식이다. 결국 영국인들이 점수를 따는 걸까?

하지만 잠깐. 이야기는 아직 절반밖에 지나지 않았다.

과학자들이 망원경으로 조 척도를 넘나드는 것은 사실이다. 하지만 현미경으로 100만분의 1 척도를 다루기도 한다. 작은 것과 작은 수에 대해 이야기하려면 어떻게 해야 할까?

작은 수는 모두 큰 수의 거울상이다. 1000이 있으면 1000분의 1이 있고 100만이 있으면 100만분의 1이 있고 10억이 있으면 10억분의 1이 있다. 이렇게 위로 한없이 올라간다(물론 아래로도 한없이 내려간다). 17세기 수학자 존 월리스는 무한히 큰 수를 나타내는 기호 ∞를 고안하고서 무한히 작은 수를 나타내는 기호 $\frac{1}{\infty}$도 제안했다.[32] (고급 정보를 하나 주자면, 이

기호를 쓰면 대수학 교사의 꼭지를 돌게 할 수 있다!)

이 대칭성은 10의 거듭제곱에도 적용된다. 양수가 큰 쪽이라면 음수는 당연히 작은 쪽이다. 10^{12}이 1조이면 10^{-12}은 1조분의 1이다.

거듭제곱	곱	숫자	이름
10^3	10×10×10	1000	천
10^2	10×10	100	백
10^1	10	10	십
10^0	1	1	일
10^{-1}	$\frac{1}{10}$	0.1	십분의 일
10^{-2}	$\frac{1}{10\times10}$	0.01	백분의 일
10^{-3}	$\frac{1}{10\times10\times10}$	0.001	천분의 일

이게 말이 될까? 엄밀히 말하자면 안 된다. 우리는 10^5을 10×10×10×10×10으로 정의했다. −5개의 10을 곱할 수는 없다. 그러니 이 점에서 10^{-5}은 헛소리다.

하지만 보기 좋고 대칭적인 헛소리이기도 하다. 10^2이 곱셈의 반복을 뜻한다면 10^{-2}은 나눗셈의 반복을 뜻해야 하지 않을까? 자릿수가 한 자리 높아지는 것은(10^2에서 10^3으로) 10을 곱한다는 뜻이다. 자릿수가 한 자리 낮아지는 것은(10^3에서 10^2으로) 10으로 나눈다는 뜻이다. 계속 내려가고(10^1에서 10^0으로, 다시 10^{-1}으로) 계속 10으로 나누기만 하면(10에서 1로, 다시 0.1로) 음의 거듭제곱이 완성된다.

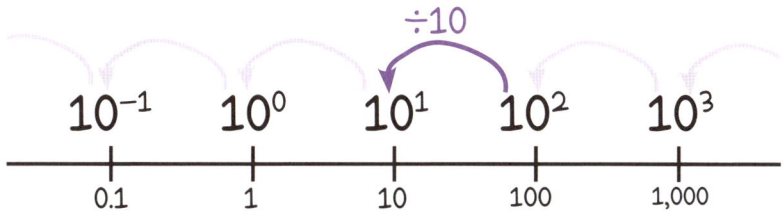

이 미세한 척도는 과학자들에게 꼭 필요하다. 어떤 면에서 우리의 '위'보다는 '아래'에 더 많은 현실이 있기 때문이다. 우주의 유의미한 크기는 10^{26}미터(관측 가능한 우주의 너비)에서 10^{-35}(플랑크 길이)까지다. 이와 비슷하게, 시간의 유의미한 크기는 10^{-44}초(플랑크 시간)에서 10^{18}초(빅뱅 이후 흐른 시간)*까지다. 어느 쪽이든 우리의 관점에서 우주에는 큰 자릿수보다는 작은 자릿수가 더 크다.[33]

거듭제곱	이름	숫자	…하는 데 걸리는 시간(초)	…의 길이(미터)
10^0	1	1	인간의 심장이 박동	걸음마 쟁이
10^{-1}	100밀리-	0.1	눈 한 번 깜박	벌새

- 일반적으로 빅뱅이 일어난 것은 약 138억 년 전으로 추정되며 이는 약 4.35×10^{17}초로, 저자의 수치와 차이가 있다.

거듭제곱	이름	숫자	⋯하는 데 걸리는 시간(초)	⋯의 길이(미터)
10^{-2}	10밀리-	0.01	파리가 날갯짓 한 번	커피콩
10^{-3}	1밀리-	0.001	거품이 터짐	커다란 모래알
10^{-4}	100 마이크로-	0.000 1	소리가 1인치 이동	인간 난자
10^{-5}	10 마이크로-	0.000 01	총알이 0.5인치 이동	백혈구
10^{-6}	1마이크로-	0.000 001	가장 빠른 카메라 플래시가 점멸	진흙 입자
10^{-7}	100나노-	0.000 000 1	두 고주파 전파가 잇따라 발생	바이러스
10^{-8}	10나노-	0.000 000 01	핵반응이 한 단계 진행	얼음 결정
10^{-9}	1나노-	0.000 000 001	빛이 1피트 이동	탄소 나노튜브
10^{-10}	100피코-	0.000 000 000 1	빛이 1인치 이동	산소 원자

음의 지수는 감이 오지 않는다는 사소한 단점이 있지만(적어도 양의 지수처럼 명확히 이해되지는 않는다) 장점이 더 크다. 작디작은 수를 큰 수만큼 명확하고 간결하게 표현하도록 해주기 때문이다. 특히 음의 지수는 과학적 기수법을 양자 영역에까지 확장하게 해준다.

수(미터)	자릿수	몇 개?	따라서 표기는?
0.000 03 (피부 세포 너비)	십만분의 일(10^{-5})	3(십만분의 일)	3×10^{-5}
0.000 000 24 (바이러스 너비)	천만분의 일(10^{-7})	2.4(천만분의 일)	2.4×10^{-7}
0.000 000 000 17 (금 원자 너비)	백억분의 일(10^{-10})	1.7(백억분의 일)	1.7×10^{-10}

앞에서 보았듯 우주가 작아지는 데도 한계가 있다. 10^{-35}미터에서는 공간이 벽에 부딪힌다. 10^{-44}초에서는 시간이 바닥에 닿는다. 일정 척도를 넘어서면 우주를 더는 잘게 자를 수 없다. 이 이산적 단위가 바로 '양자'의 의미다. 세상에 존재할 수 있는 가장 작은 양.

하지만 수는 얼마든지 더 썰고 자를 수 있다. 천을 백으로 나눌 수 있듯 10^{-44}는 10^{-45}으로 나누고 10^{-46}으로 나누고 $10^{-96,782}$로 나누고, 그보다 더 잘게 나눌 수도 있다. 수에는 양자 수준도, 바닥도, 최후의 한계도 없다. 수는 연속체여서 무한히 나눌 수 있다.

이 점에서 미국인도 영국인도 잘못 짚었다. 10^{-500} 같은 표현은 표준적이지도 과학적이지도 않으며, 순수하게 수학적인 공상에 불과하다.

무리수

해마다 3월 14일이 되면, 수학계에서는 수업을 휴강하고 파이를 배불리 먹고 수학자들이 가장 총애하는 상수의 소수점 전개를 암송하며 이 날을 기념한다. 젊든 늙었든, 순수 쪽이든 응용 쪽이든, 대수학자이든 해석학자이든 모두 모여 파이 데이를 축하한다.

다만…… 알겠다. 방금 한 말은 취소한다. 대부분은 축하한다. 툴툴거리는 그린치*도 몇 명 있으니까.

그들에 대해선 이따 이야기하기로 하고, 우선 파이가 무엇인지 알아보자. 파이란 **원지름**에 곱하면 그 값이 **원둘레**와 같아지는 수다. 대략적으로 지름의 세 배가 둘레와 같다.

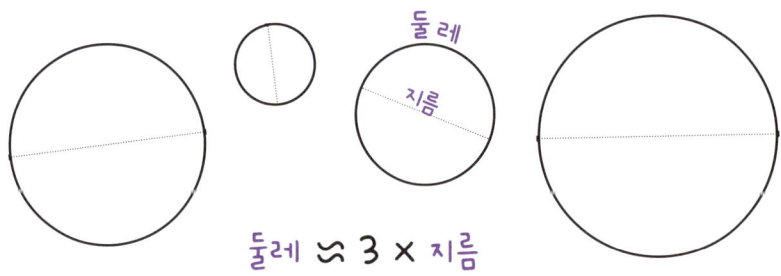

---

* 미국의 유명 동화작가이자 만화가인 닥터 수스가 창조한 가상 인물로, 성격이 심술궂다.

더 정확히 말하자면, 원둘레는 원지름의 약 3.14배다.

더욱 정확히 말하자면, 약 3.141 592 653 589 793배다.

더더욱 정확히 말하자면, 3.141 592 653 589 793 238 462 643 383 279 502 884 197 169 399 375 105 820 974 944 592 307 816 406 286 208 998 628 034 825 342 117…….

여기서 더 나아갈 수도 있지만 아무리 그래도 충분하지 않다. π(파이)라고 불리는 이 수는 무리수이기 때문이다. 말하자면, 비율이 아니다. 어떤 분수로도 나타낼 수 없다. 역시 어떤 소수로도 표현이 안 된다. $\frac{1}{3}$을 0.3으로 쓸 때와 같은 꼼수를 쓸 수도 없다. π의 숫자는 패턴이 반복되지 않기 때문이다.

길모퉁이를 돌 때마다 한 번도 보지 못한 새 숫자열이 나타난다. 나는 열두 살짜리가 100자리까지 암송하는 것을 들은 적이 있다. 그런데 이건 약과다. 2015년 10월 수레시 쿠마르 샤르마는 (아마도 모두에게 지겨웠을) 17시간에 걸쳐 70,030자리까지 읊었다.

파이가 수학자들을 살짝 돌게 하는 이유는 무엇일까? 닥터 수스에게 민망하지만, 수학자들의 괴상한 명절 풍습은 라임으로 표현하는 게 제격이다.•

• 닥터 수스는 독특한 그림 스타일과 운율이 살아 있는 문장으로 유명하다. 이어서 나오는 그림 속 괴물은 닥터 수스의 그린치다. (뒤의 한국어 번역문은 라임을 살리지 않았다.)

교실 아이들은 파이 데이를 좋아했어.
교무실 그린치는 전혀 아니었지만!

그린치에게 파이 데이는 어처구니없는 명절.
누가 묻든지 말든지 그는 이유를 읊어댔지.

"미국에서는 3/14라고 쓴 날짜를 3월 14일이라고 읽어.
그게 '파이 데이'의 의미야.
하지만 미국 말고 다른 나라들에서는
날짜를 쓴 뒤에 달을 쓴다고!
그러면 3/14는 14월의 3일인 셈인데,
세상에 그런 날은 없어.
내 팩트 체크 목록에는 이것만 있는 게 아냐."

"온 나라를 경악케 하는 이 끔찍한 날은
어설픈 어림질 때문에 탄생했어.
내 말은, 7분의 22가 파이에 더 가깝단 뜻이야.
그러니 7월 하순께인 그때까지 기다려."

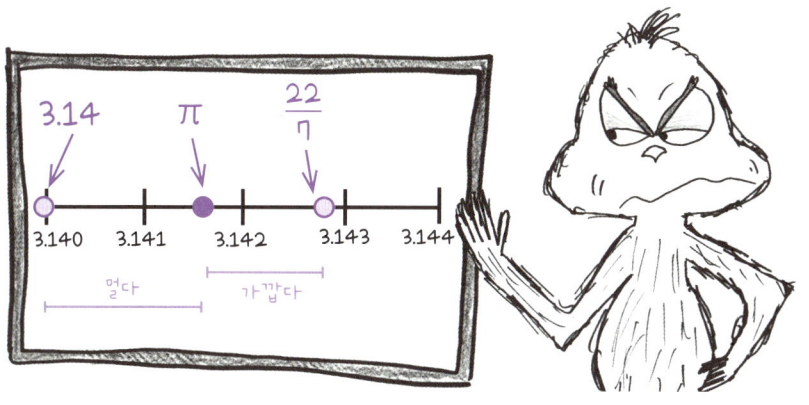

"더군다나 구닥다리 파이는 이제 고대 유물이야.
세련된 수학자들은 모두 타우를 떠받들지."[34]

"파이가 나를 어떻게 골탕 먹이는지 말했던가?
3 다음에 점, 다음에는 1 4 1 5 9 2 6 5…….
이렇게나 두서없이 이어지니
내 마음에 증오가 들끓을 수밖에.
3 5 8 9 7 9 3 2 3 8……!
이 모든 무의미한 숫자들! 읽는 것조차 산소 낭비일 뿐.
지겨워서 눈물이 다 나. 아니, 지겨워서 돌아가실 지경이야."

"전에도 말했지만 다시 말할게.

저 수들은 10진법에서가 아니면 아무 의미도 없어.

게다가 저 숫자들은 누구에게도 필요 없어.

소수점 아래 30자리나 40자리를 넘어가면 스니드Thneed*만큼이나 쓸모없지.

너비가 100만 광년인 원의 둘레를 구한다 한들 고작 25자리까지만 써도 까딱없어.

그래도 그 나노 어쩌고 단위까지 계산해낼 수 있다고.

머리카락 굵기 1000분의 1 수준의 정확도로 말이야.

그 자릿수를 넘어선 숫자에 대해서는, 정말이지 난 조금도 신경 안 써."

• 닥터 수스가 만든 신조어로, 필요한 것처럼 광고하지만 필요 없는 물건을 가리킨다.

3.141592653589793238
46264338327950288
41971693993751058209
7494459230781640628
62089986280348253
421...

"진실을 맹세하며
마지막으로 말하는데,
파이 데이는 수학을
후식과 맞바꾸려는 수작이야."

역법에 대한 논증을 제쳐두고 수학 논증에 집중하자면, 두 가지 점이 그린치에게 유리해 보인다.

첫째, 무리수는 드물지 않다. 수직선에 다트를 던지면 맞는 수는 백발백중 무리수다. 우리가 좋아하는 것이 무리수라면 파이 데이 대신 $\sqrt{17}$ 데이(4월 12일)나 $\frac{3e}{7}$ 데이(1월 16일)도 괜찮다. π가 이 숫자들보다 중요한 것은 사실이지만, 무리수여서 중요하다고 생각하는 건 마틴 루서 킹 데이를 그의 신장(5피트 7인치)에 맞춰 정하는 격이다.[35]• 번지수가 틀렸다.

둘째, 설령 무리수가 드물다 치더라도 숫자를 암기하는 것은 순전히 시간 낭비다. π는 3.14159나 3.14, 심지어 3으로 반올림해도 충분하다. 실용적 목적에서는, 심지어 비실용적 목적에서조차 π는 유리수rational number로 봐도 무방하다.

그렇다 하더라도, 이 논리를 따라가다 무리수는 존재하지 않는다는 끔찍한 결론에 도달하는 그린치는 별로 없다.

무한대의 정밀도는 불가능하다. 어떤 자도, 저울도, 스톱워치도 소수점 아래로 한없이 내려갈 수는 없다. 조만간 반올림해야 한다. 일단 반올림하면 무리수는 사라지고, 따분하리만치 합리적인rational 어림으로 대체된다.

그렇다면 우리의 상상 속에서가 아니라면, 무리수는 어떤 의미로 존재하는 수일까?

• 마틴 루서 킹 데이는 그의 생일인 1월 15일을 기념해 매년 1월 셋째 월요일로 지정되어 있다.

1년 364일 동안 우리는 무리수의 숫자들이 처음 몇 개를 넘어서면 사실상(사실은 그렇지 않더라도) 무의미하다는 암담한 현실을 받아들여야 한다. 하지만 1년에 딱 하루 파이 데이에 전 세계는 무리수가 존재한다는 환상에 푹 젖는다. 그 하루 동안 세계는 걸음을 멈추고서 끝까지 읊을 수 없는 수, 결코 완전한 이름을 부를 수 없는 명사에 경의를 표한다.

게다가 그날엔 피칸파이도 마음껏 먹을 수 있다. 이런데 어떻게 안 좋아하겠나?

그 뒤 무슨 일이 일어났을까?
어떤 무리는 파이 데이에 그린치의 작은 마음이 3배 커졌다고 했어.
다른 무리는 좀 더 커졌다고 했지.
아마도 3.1배로, 아니 아마도 3.14……배로.

무한

프랑스의 작가 귀스타브 플로베르가 말했다. "오직 세 가지만 무한하다. 하늘의 별, 바다의 물방울, 가슴의 눈물."[36]

땡, 땡, 땡.

밤하늘에 보이는 별은 10^4개 이하이고, 은하에는 별이 약 10^{11}개 있고, 우리가 알 수 있는 우주에는 아마도 10^{24}개 있을 것이다. 어떻든 유한하다. 물로 말할 것 같으면 지구에는 약 10^{25}개의 물방울이 있다. 역시나 유한하다. 눈물이라는 주제를 보자면 귀스타브에게 알려줄 것이 두 가지 있다. 첫째, 눈물방울은 심장 근육이 아니라 눈물샘에서 생긴다. 둘째, 눈물방울이 아무리 많을지언정 개수가 유한하다는 것은 두말할 필요가 없다.

사실 어떤 사물도 무한하지 않다. 마찬가지로 무한은 어떤 사물도 아니다. 무한은 손짓에 가깝다. "서쪽으로 가. 절대 멈추면 안 돼"라고 말하는 것과 같다. 수학자들이 무언가가 "무한으로 간다"라거나 "무한해진다"라고 말할 때의 의미는 커지고 또 커져서 만을 넘고 억을 넘고 조를 넘어, 당신이 상상할 수 있는 어떤 상한도 넘어선다는 뜻이다. 하지만 그것은 언제나, 매 단계마다 유한하다. 결코 무한'해지지' 않는다. 무한은 해질 수 있는 무언가가 아니기 때문이다.

무한은 목적지가 아니라 방향이다.

이게 전부다. 나는 무한의 방향을 손짓으로 가리켰다. 이것이 귀스타브가 정말로 하려던 전부이며, 실은 인간이 할 수 있는 전부다. 이제 이 개념에 대해 더 이상 고민할 필요가 없다.

무한

아직도 여기 있나?

좋다. 당신은 "무한이란 무엇인가?"라고 묻는다. 질문에 답이 들어 있다. 무한은 유한하지 않음이다. '한없다', '가없다', '끝없다' 등 동의어들도 의미가 비슷하다. 우리는 '무한'을 '(유한하지) 않다', '(한이, 가이) 없다', (끝나지, 측정되지) 않는다'로 정의한다. 무한 자체에 대해서는 이야기할 수 없다. 부정으로만, 존재하는 것의 반대로만, 우리가 아는 모든 것의 아님으로만 이야기할 수 있을 뿐이다.

제발 무한을 그대로 내버려두라. 이 수수께끼와 저주에 더는 끼어들지 말라. 귀하고 유한한 오늘 하루를 살아가라.

무한

 졌다, 졌어. 정말 무한을 정복하고 싶은가? 그건 바보짓이다. 하지만 공식 바보로서 말하건대, 나도 당신 편에 합류해야 할 것 같다. 호르헤 루이스 보르헤스가 말했다. "우주의 역사는 어쩌면 몇 가지 은유의 역사일지도 모른다."[37] 무한도 그중 하나다. 형언할 수 없는 광대함에 대한 은유. 16세기 학자 조르다노 브루노는 코페르니쿠스적 우주의 구조를 해명하려다 "중심이 …… 어디에나 있고 둘레가 어디에도 없"는 무한한 구의 이미지를 떠올렸다. 이것은 수백 년간 신학자들이 신의 본성을 설명할 때 쓴 이미지와 같다. 하지만 무한은 그토록 광대한데도 우리 바로 곁에 있다. 무한대의 역은 무한소인데, 이게 문제다. 무한소는 철학자 제논이 짓궂은 역설을 처음 내놓은 기원전 5세기 이래 수학자들을 괴롭혔기 때문이다. 존 월리스 이후 여러 세대의 수학자들이 그의 기묘한 분수 $\frac{1}{\infty}$을 거부한 것은 이 때문이다. 그들은 이것이 혼란의 다른 이름일 뿐이라고 느꼈다. 무한소는 (따라서 무한은) 논리가 녹아내리는 한계선, 모든 것이 무언가로부터 생겨나고 무언가가 무로부터 생겨나는 역설적 장소를 의미하게 되었다. 무한은 제 꼬리를 삼키는 융의 뱀*이며 도무지 생각일 수 없는 생각이다. 19세기 후반 게오르크 칸토어가 엄밀한 수학의 족쇄를 무한에 철

• 칼 융의 우로보로스Ouroboros를 지칭한다. 융 심리학에서 우로보로스는 의식과 무의식, 창조와 파괴가 하나로 순환하는 인간 정신의 원초적 전체성을 상징한다.

컥 채우기 전까지는 그랬다. 칸토어는 무한을 집합과 모임의 언어라는 감옥에 가뒀으며, 비논리적인 것을 자신의 논리에 맞게 (또는 자신의 논리를 비논리적인 것에 맞게) 구부렸다. 이제 우리는 감옥의 창살을 통해 무한을 똑똑히 볼 수 있다. 무한을 두 배로 늘려도 전혀 커지지 않는다는 것, 무한을 절반으로 줄여도 전혀 작아지지 않는다는 것, 무한 개의 서랍에 하나씩 들어 있는 구슬을 무한 개의 구슬로 대체해도 무한한 무한대의 구슬이 여전히 원래 서랍에 하나씩 들어갈 수 있다는 것을 말이다. 칸토어는 무한의 모든 역설이 결코 역설이 아님을, 생각할 수 없는 것에 대한 기본적 사실임을, 우리의 논리와 언어가 붙잡았지만 우리의 상상력은 결코 붙잡지 못할 개념의 특징임을 밝혀냈다. 칸토어는 큰 무한이 있고 작은 무한이 있음을, 무한의 계층이 있고 그 자체의 범위가 무한함을 우리에게 알려주었다. 그는 히브리어 알파벳 **알레프**에 빗대어 이 무한들에 $\aleph_0$, $\aleph_1$, $\aleph_2$라는 이름을 붙였다. (이번에도 등장하는) 호르헤 루이스 보르헤스는 이것을 빌려, 내가 아는 어떤 수학보다 훌륭히 무한을 일깨우는 이야기의 제목으로 삼았다. 「알레프」는 공간 속의 점에 대한 짧은 이야기다. 그 점에는 나머지 모든 점이 담겨 있기에 마룻바닥 틈새로 창조의 전모를 볼 수 있다. 이야기의 절정은 화자가 제목의 대상을 엿보는 광경을 묘사한 하나의 기다란 문단이다.* "나는 생명이 넘치는 바다를 보았고, 여명과 석양을 보았으며, 아메리카 대륙의 군중을 보았고, 검은색 피라미드의

---

* 화자가 알레프를 보는 장면을 묘사한다. 여기서 알레프는 모든 것을 담고 있는 한 점으로, 우주의 축소판이다.

한가운데에 있는 은색 거미줄을 보았으며 …… 내 어두운 피가 순환하는 것을 보았고, 사랑의 톱니바퀴와 죽음으로 인한 변화 과정을 보았고, 모든 지점과 각도에서 알레프를 보았으며, 알레프 안에서 지구를 보았고, 또다시 지구 안에 있는 알레프와 알레프 안에 있는 지구를 보았다. 내 얼굴과 내장을 보았고, 네 얼굴을 보았으며, 현기증을 느꼈고, 눈물을 흘렸다. 내 눈이 그 비밀스럽고 추정적인 대상을 보았기 때문이다. 그 대상은 사람들이 함부로 이름을 부르지만 그 누구도 보지 못했던 것이었다."[38]

2장 동사: 산술 행위

동사는 행위를 가리키는 낱말이다. 명사는 사물이고 동사는 그 사물이 하는 행동이다. 예를 들면 이렇다. 토끼(명사)가 달린다(동사). 가격(명사)이 뛴다(동사). 악마(명사)가 잔다(동사). 당신(명사)이 생각하는(동사) 걸 내(명사)가 말하자면(동사), 작가(명사)가 횡설수설한다(동사).

수학에서 동사는 무엇일까? 두말할 필요 없이 '연산'이다. 가장 친숙한 네 가지는 덧셈(+), 뺄셈(−), 곱셈(×나 *. 때에 따라서는 기호 생략 가능), 나눗셈(÷ 또는 /)이다.

옛날 옛적에 사람들은 이 연산을 주판이라는 실제 물건으로 수행했는데, 조약돌calculus을 옮겨가며 답을 구했다calculate. 후대 사람들은 종이와 잉크를 채택했으며, 돌이 아니라 기호를 이용해 계산했다. 오늘날에는 컴퓨터의 비중이 커지고 있고 조약돌과 기호가 아니라 전자를 이용한다.

연산 이야기는 여기서 끝나지 않는다. 수는 감자와 같아서 다양하게 요리할 수 있다. 제곱, 세제곱, 제곱근, 지수, 로그 같은 연산을 보라. '컴퓨터'는 기술이기 이전에 직종이었다. 연산을 대규모로 수행하는 사람을 가리켰는데(대부분 여성이었다), 제품이 조립 라인을 이동하는 것처럼 수가 그들 사이를 왔다 갔다 했다.

이 모든 연산이 수학의 동사다. 즉, 우리가 수를 가지고 하는 일이다.

여기 2장에서는 연산 몇 가지를 공부하고, 그 연산들 사이의 관계에 대해서도 살펴볼 것이다. 이 동사들은 수학이라는 언어에서 어떻게 쓰일까?

첫째, 행위는 덧셈과 뺄셈, 곱셈과 나눗셈, 제곱과 제곱근, 지수와 로그처럼 대립쌍을 이루는 경향이 있다. 이런 쌍은 서로 상쇄하는 **역연산**이다. 역연산을 실시하면(자물쇠를 잠갔다가 풀면) 처음 상태로 돌아간다(자물쇠가 잠겨 있지 않은 상태가 된다).

둘째, 연산에는 계층이 있다. 셈을 반복하면 **덧셈**이 되고, 덧셈을 반복하면 **곱셈**이 되고, 곱셈을 반복하면 **거듭제곱**이 된다. 뒤에서 보겠지만 수학 연산은 왼쪽에서 오른쪽으로 읽지 않는다. 가장 센 것에서 가장 약한 것 순으로 읽는다. 이 계층이 언어의 구조를 만들어낸다.

지금까지는 좋다. 하지만 결국에 가서는 불편한 진실을 맞닥뜨려야 한다. 이 행위들이 실은 전혀 동사가 아니라는 진실 말이다.

$2+3$을 생각해보라. 만약 +가 동사이면 덧셈을 하는 주어는 누구일까? 2도 3도 행위를 수행하지 않는다. 이 명사들은 그저 명사일 뿐 아무 일도 하지 않는다. 더하는 행위를 하는 사람은 **당신**이다. 하지만 당신은 수학의 문장성분이 아니다. 그러므로 엄격한 문법적 의미에서 $2+3$은 실은 문장이 아니다. +가 실은 동사가 아니기 때문이다. $2+3$은 '둘과 셋' 같은 명

사구에 불과하다. '고양이와 새' 또는 '뼈를 가진 개'나 마찬가지다. + 기호는 동사보다는 접속사(2 그리고 3) 또는 전치사(3과 함께 있는 2)에 가깝다.

이것은 사소해 보이는 기술적 문제처럼 보이지만 결코 그렇지 않다. 언어의 흐름을 바꾸고 정신의 변화에 결정적 영향을 미친다.

이건 나중에 살펴보겠다. 일단은 +와 −를 수학의 기본 동사로 취급하도록 하자. 하지만 그보다 앞서 더 기본적인 동사가 있다. 이것은 심장 박동이 그렇듯 무의식적이고 근본적이며, (역시 심장 박동이 그렇듯) 제대로 살펴보려면 훈련받은 전문가가 필요하다.

어느 날 아침, 우리 누나 제나가 유치원생들에게 인사하는 광경을 보았다(제나도 수학 교사인데 나보다 낫다). 제나가 말했다. "안녕, 얘들아! 너희 몇 살이니?"

아이들이 대답했다. "다섯 살이요!"

제나가 눈을 반짝거리며 말했다. "그렇다면 내년엔 몇 살일까?"

예사로운 산수 문제 같았다. 5 다음이 무엇인지는 다섯 살짜리도 아니까. 예상대로 많은 아이들이 대뜸 "여섯 살이요!"라고 외쳤다. 하지만 제나가 프로이고 내가 동생인 데는 다 이유가 있다. 놀랍게도 아이 몇 명이 살아온 햇수를 헤아린 것이다. 아이들은 문제에 답하기 위해 앞에 있는 수를 전부 읊어야 했다. Q가 먼저인지 R이 먼저인지 알기 위해 내가 ABC를 처음부터 읊어야 하는 것처럼.

"하나, 둘, 셋, 넷, 다섯…… 여섯. 여섯 살이 돼요!"

연산은 우리가 수에 대해 하는 일이다. 나누고, 거듭제곱하고, 제곱근을 구하고, 심지어 더하는 것처럼 간단한 일까지 전부 연산이다. 하지만 철학적으로 생각해보자. 우리는 정말로 무언가를 하고 있는 걸까? 내가 4와 3을 더해 7을 만든다고 말하는 건 조금 이상하다. 4와 3은 내가 더하든 말든 **원래** 7이다. 내가 곱하거나 나누거나 로그를 취한 결과는 내가 그 연산을 했든 안 했든 똑같다. 엄밀한 의미에서, 나는 수를 **변화시키는** 게 아니라 **발견하거나 드러낼** 뿐이다. 연산은 양 자체에 작용하는 게 아니라, 양에 대한 우리의 이해에 작용한다.

하지만 일상적 의미에서 보자면 우리는 늘 수에 대해 무언가를 한다. 어느 초등학생이나 붙잡고 물어보라. 그게 바로 수학이라고 말할 것이다.

이제 제나의 예사로운 산수 문제가 예사로워 보이지 않는다. 유치원생들은 자기도 모르게 수학의 기본적 행위인 **증일**increment*을 수행했다. 즉, 한 수에서 다음 수로 이동한 것이다. 증일은 매우 단순하지만, 이 말은 원자가 단순하다는 말만큼이나 오해의 소지가 있다. 증일은 나머지 모든 연산을 떠받치는 토대다.

이를테면, 덧셈은 증일을 잇따라 여러 번 수행하는 간편한 방법 아니겠는가?

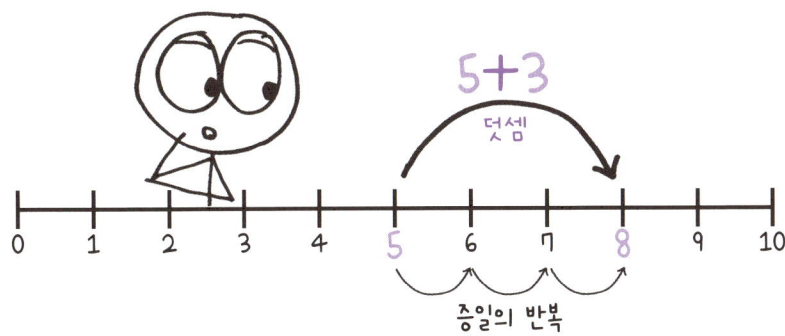

2장 동사 · 산술 행위

그런가 하면 곱셈은 덧셈의 반복, 말하자면 증일의 반복의 반복 아니겠는가?

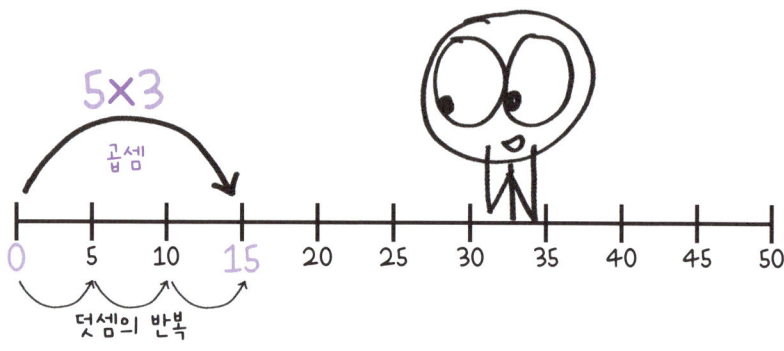

거듭제곱으로 말할 것 같으면 곱셈의 반복, 즉 덧셈의 반복의 반복, 즉 증일의 반복의 반복의 반복이다.

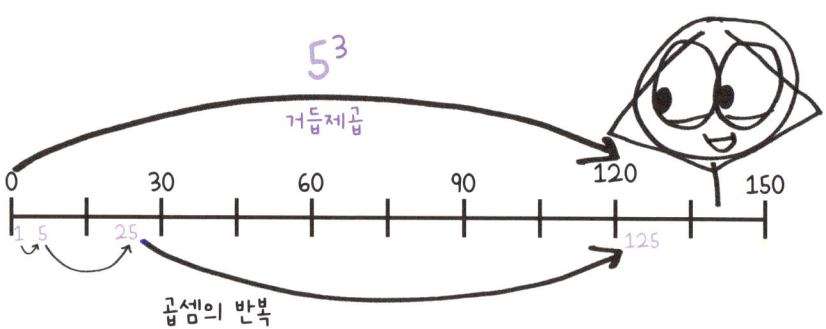

- 'increment'는 대개 '증분'으로 번역하지만, 이 책에서는 증가량의 의미로 쓰이지 않으므로 '증일增一'이라는 표현으로 옮겼다.

여기서 끝이 아니다. 거듭제곱을 거듭하면 **테트레이션**tetration이라는 4단계 연산이 된다('넷'을 뜻하는 그리스어 '테타레스'에서 왔다).³⁹ 예의 바른 학교 수학에서는 다루지 않는데, 그 이유는 이 연산에서는 버릇없는 수가 나오기 때문이다. 덧셈 5 + 3은 8이 되고, 곱셈 5 × 3은 15가 되고, 거듭제곱 5^3은 125가 되지만, 테트레이션 5↑↑3은 길이가 2000자리를 넘는 야만스러운 수가 된다.

하지만 경악스러운 결과를 낳는 이 어안이 벙벙한 연산은 따지고 보면 증일의 반복의 반복의 반복의 반복에 불과하다.

이것이 환원주의적 체계라는 걸 인정한다. 모든 연산을 조감도처럼 지도 하나로 포괄하는 방법이니 말이다. 이 과정에서 각각의 연산을 특별하게 만드는 독특함이 사라진다. 테트레이션을 '증일의 반복'으로 묘사하는 것은 자신의 남편을 '입자의 집합'으로 묘사하는 것과 같다. 틀린 것은 아니지만, 화목한 결혼의 징표라고 보기는 힘들다.

나는 연산을 나름의 멋과 문화가 있는 도시로 여기고 싶다. 도시에는 제곱의 숨겨진 기하학, 나눗셈의 이중적 성격, 제곱근의 언어적 수수께끼가 있다. 연산은 특수한 참을 표현하는 독특한 표현법이다. 심지어 나머지 모든 연산의 본보기가 되는 연산, 하도 기본적이어서 우리가 알아차리

기조차 힘든 연산, 제나의 예리한 질문이 드러낸 연산, 바로 그 증일마저도 그렇다.

제나의 유치원 아이들 중 몇몇에게 증일은 힘에 부치는 일이었다. 하지만 단박에 "여섯 살이요"라고 답한 나머지 아이들은 이미 수를 다루기 시작했으며, 수를 더 유의미한 형식에 담아내기 시작했다.

수를 **연산**하기 시작한 것이다.

지적 성장의 관점에서 보자면 "하나, 둘, 셋, 넷, 다섯, 여섯"에서 단순히 "다섯, 여섯"으로 넘어가는 것은 사소한 단계처럼 보일지도 모르겠다. 하지만 여정이란 증일의 연속이자 단계의 반복의 반복의 반복의 반복…… 아니겠는가?

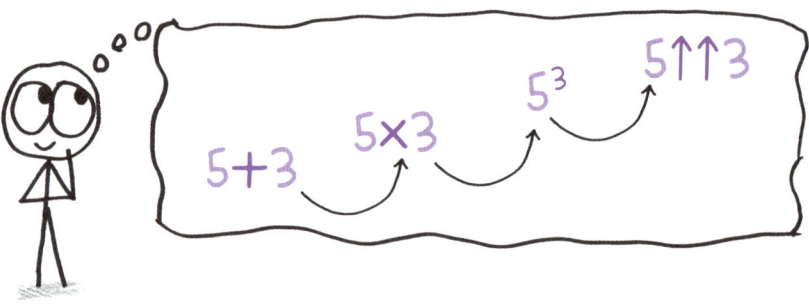

덧셈

어릴 적, 화폐가 소프트웨어도 거짓말도 아닌 금속과 종이로 만들어지던 시절, 나는 쿼터 동전 두 개를 더하면 50센트가 된다는 것(25 + 25 = 50)을 배웠다. 뿌듯했다. 저 우뚝한 수들 앞에서 나머지 사실은 초라해 보였다. 나는 2 + 2 = 4나 5 + 5 = 10 같이 페니나 니켈, 다임 동전 계산으로 나오는 자잘한 숫자들을 우습게 여겼다.[*] 더 나아가 새롭고 근사한 사실들을 알아내고 싶었다.

그래서 이렇게 추론했다. 24는 25보다 1이 작고 49는 50보다 1이 작으니까 24 + 24 = 49일 것이다. 나는 인류에게 불을 전해주는 프로메테우스처럼 우리 선생님에게 이 깨달음을 알려주었다. 선생님이 말했다. "그거 재미있구나. 하지만 실제로 넌 첫 번째 25에서 1을 빼고 두 번째 25에서도 1을 뺐잖니. 그러니 정답은 50보다 **하나**가 작은 게 아냐. **둘**이 작지. 그래서 48이란다. 그래도 기발한 추측이었어!" 선생님은 활기차게 돌아서서 걸어갔다.

나는 허물어지는 성 안에 있는 왕처럼 상처받고 좌절한 채 하릴없이 앉아 있었다.

• 쿼터는 25센트 동전이며, 페니는 1센트, 니켈은 5센트, 다임은 10센트 동전이다.

우리 문화에서 덧셈은 확실성의 증표다. '2 + 2 = 4'는 '부정할 수 없는 진리가 있다'는 말을 간단히 표현한 것이다. 조지 오웰의 『1984년』에서 전체주의 정부는 주인공의 정신을 박살내기 위해 그가 2 + 2 = 5에 동의할 때까지 고문한다. 말하는 것으로는 안 된다. 믿을 때까지 고문한다. 오웰이 보기에 단순한 덧셈은 진리의 최후 피난처이자 부정할 수 없는 가장 강고한 현실이다.[40] 그러므로 독재자를 꿈꾸는 자에게는 총체적 통제의 최후 전초 기지다. 덧셈은 아이들에게 가르치는 첫 연산이자 많은 사람이 편안하게 느끼는 마지막 연산이다. 덧셈은 소박한 시절을 환기하며 만물에 의미가 있던 때를 떠올리게 한다.

지우개똥과 눈물방울로 '24 + 24 = 49'라는 식을 덮어 가리고 있는 남자아이에게 다시 물어보라. 아이는 덧셈이 늘 그렇게 간단한 것은 아니라고 말할 것이다.

언뜻 보면 덧셈은 식기 쌓기를 빼닮았다. 당신은 접시를 접시끼리, 밥그릇을 밥그릇끼리, 컵을 컵끼리 쌓는다. 같은 원리가 (이를테면) 634 +

215에도 적용된다. 백은 백끼리(600 + 200), 십은 십끼리(30 + 10), 나머지는 나머지끼리(4 + 5) 쌓는다. 합계는 800 더하기 40 더하기 9, 간단히 말해서 849다.

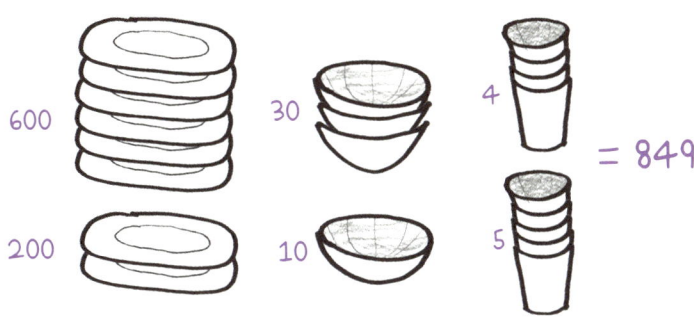

하지만 식기 비유는 딱 여기까지다. 컵을 아무리 쌓아도 밥그릇이 되지는 않는다. 밥그릇이 몇 개이든 접시로 바뀌지는 않는다. 하지만 하나가 10개 있으면 열이 되고, 열이 10개 있으면 백이 되고, 백이 10개 있으면 천이 된다.

덧셈의 근사한 아이디어이자 기쁨과 도전의 원천은 바로 이 다시묶기 regrouping라는 개념이다.

이를테면, 46 + 28을 구해보자. 열끼리 쌓는다(40 + 20). 하나끼리 쌓는다(6 + 8). 하지만 하나가 아주 많아서 열 묶음을 하나 더 만들 수 있다. 그래서 새 열을 만들어(사실상 쌓아놓은 컵 더미가 하나의 커다란 밥그릇으로 바뀌는 것과 같다) 열 더미로 옮긴다.

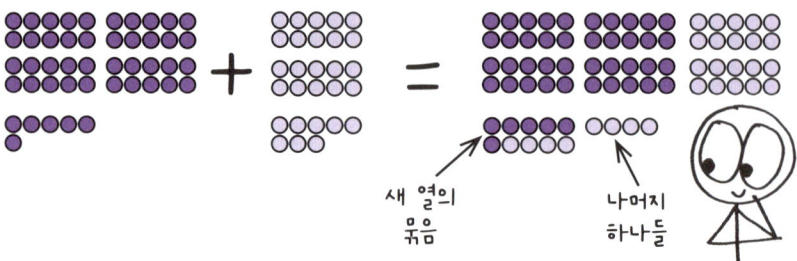

이 방법은 **받아올림**carrying이라고 불리는 '표준 알고리즘'이다. 모든 교과서, 교실, 유튜브 동영상에서 다루는 기초 기법이다. 표준이 다 그렇듯 널리 알려져 있고 효과적이며 살짝 과대평가되었다. (나를 비롯한) 대부분의 수학 교사는 비표준 알고리즘에 비해 표준 알고리즘에 딱히 열광하지 않는다.

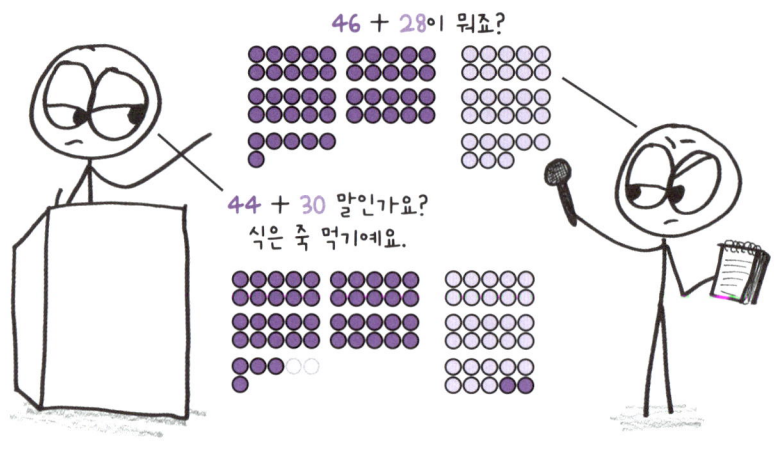

내 말이 무슨 뜻이냐고? 46에서 두 단위를 뽑아내어(그러면 46이 44로 작아진다) 28에 더해보라(그러면 28이 30으로 커진다). 정치인이 아무도 묻지

않은 다른 질문에 답하는 수법으로 원래의 질문을 회피하는 것처럼, 다시묶기는 까다로운 연산(46 + 28)을 회피하기 위해 더 쉬운 연산(44 + 30)으로 바꾸는 수법이다. 이렇게 하면 받아올림을 할 필요 없이 깔끔하게 74라는 답이 나온다.

수학자 카를 가우스가 만년에 즐겨 들려준 이야기가 있다. 어릴 적 험상궂은 표정의 뷔트너라는 교사와 재치를 겨룬 일화다. 뷔트너는 학생들에게 1부터 100까지 수를 더하라고 했다. 그러면서 계산이 끝나면 개인용 칠판을 앞으로 가져와 놓아두라고 했다. 잠시 뒤 일곱 살 가우스가 교탁으로 성큼성큼 걸어와 칠판을 내려놓으며 외쳤다. "여기 있어요!" 뷔트너는 '성급한 어린 계산원'의 '경솔함'에 본때를 보여줄 작정이었다. 하지만 웬걸, 가우스의 계산은 옳았다.[41]

어린 가우스는 저 고된 계산을 어떻게 그렇게 빨리 해냈을까?

1+2+3+4+5+6+7+8+9+10
+11+12+13+14+15+16+17+18+19+20+21
+22+23+24+25+26+27+28+29+30+31+
32+33+34+35+36+37+38+39+40+41+42
+43+44+45+46+47+48+49+50+51+52+
53+54+55+56+57+58+59+60+61+62+63+
64+65+66+67+68+69+70+71+72+73+74+
75+76+77+78+79+80+81+82+83+84+85+
86+87+88+89+90+91+92+93+94+95+96+97
+98+99+100

간단하다. 그는 문제를 바꿨다. 자세히 설명하자면, 100개의 수를 양끝에서부터 50쌍으로 짝지었다. 가장 작은 수와 가장 큰 수(1 + 100), 두 번째로 작은 수와 두 번째로 큰 수(2 + 99)에서 시작해서 50번째로 작은 수와 50번째로 큰 수(50 + 51)에 이르기까지.

이렇게 재배열하니 50쌍 전부 합이 101이었다. 백이 50개이고(5000) 일이 50개(50)이므로 답은 5050이다.

이것이 다시묶기의 마법이다. 문제가 달라져도 답은 그대로다.

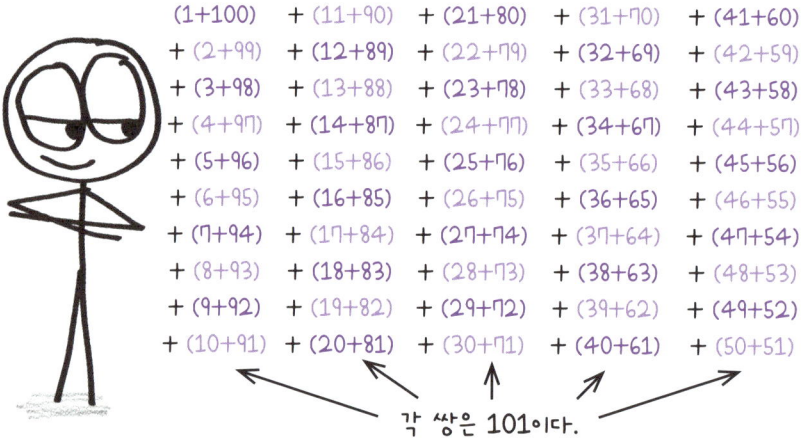

오웰과 2 + 2 = 4 지지파는 덧셈의 엄격성을 찬미한다. 하지만 가우스와 다시묶기 찬성파는 반대 덕목인 유연성을 찬미한다. 합계만 맞으면 그만인 경우에는 부분을 마음껏 뒤섞어도 무방하다. (46 + 28에서처럼) 항목을 이 묶음에서 저 묶음으로 옮겨도 괜찮다. (어린 가우스가 한 것처럼) 작은 묶음끼리 짝지어 큰 묶음을 만들어도 된다. 심지어 묶음을 근사한 모양으로 배열해 우리의 산술에 약간의 기하학을 가미해도 좋다.

이를테면, 뷔트너가 가우스에게 첫 100개의 수를 더하는 게 아니라 홀수만 더하라고 했다면 어떻게 됐을까?

$$1+3+5+7+9+11+13+15+17+19+21$$
$$+23+25+27+29+31+33+35+37+39$$
$$+41+43+45+47+49+51+53+55+57$$
$$+59+61+63+65+67+69+71+73+75+$$
$$77+79+81+83+85+87+89+91+93+95$$
$$+97+99$$
$$= ???$$

이런 문제는 천천히 풀어가는 게 상책이다. 1부터 시작해보자. 이것은 1×1인 단순한 정사각형으로 볼 수 있다.

1   ●   1×1

이제 3을 좌우반전한 'L'자 모양으로 만들어 덧붙인다. 그러면 2×2인 정사각형이 된다.

1 + 3   ●● / ●●   2×2

여기에 5를 또 다른 반전 'L'자 모양으로 덧붙이면 3×3인 정사각형이 된다.

$$1 + 3 + 5 \quad \text{3×3}$$

다음으로 7을 덧붙여 가로세로 4 × 4인 정사각형을 만든다.

$$1 + 3 + 5 + 7 \quad \text{4×4}$$

이런 식으로 계속하면 된다. 처음 5개의 홀수를 더하면 가로세로 5인 정사각형이 만들어진다. 10개의 홀수는 가로세로 10인 정사각형이 된다. 마지막으로, 우리가 풀어야 하는 문제인 50개의 홀수를 더하면 가로세로 50인 정사각형이 된다.

그러므로 합은 $50^2 = 50 \times 50 = 2500$이다.

일전에 학회에서 가우스와 뷔트너의 이야기를 소개한 적이 있었는데, 한 교수가 다가와 예의 바르게 반론을 제기했다. 나는 그가 이야기의 진위 여부를 문제 삼을 줄 알았는데(이 사건이 실제로 일어났는지를 놓고 역사가들 사이에 이견이 있다), 그가 지적한 문제는 다른 것이었다.

"우리는 이 이야기를 할 때 뷔트너를 악당으로 묘사합니다. 하지만 그는 가우스에게 든든한 후원자가 되어주었습니다. 가정교사를 붙여주고 수학을 업으로 삼도록 도와줬죠."

나는 그의 해석이 맘에 들었다. 뷔트너의 경직된 표면 아래에는 따스하고 유연한 교사가 들어 있었다. $2 + 2 = 4$의 엄격한 확실성 아래에 다시 묶기와 재배열이라는 유연한 과정이 있는 것처럼 말이다.

나는 오웰도 동의하길 희망한다. 국가가 사람들의 합이라면, 민주주의는 우리 스스로를 다시 묶고 재배열하여 까다로운 문제들을 우리가 함께 답할 수 있는 문제로 바꾸려 애쓰는 과정일 것이다.

뺄셈

내가 다섯 살이던 어느 날 저녁, 제나 누나가 내게 산수 문제지를 내밀었다. (엄청나게 유익한 수업은 아니었지만 초보 교사를 원망할 생각은 없다. 누나도 여덟 살밖에 안 됐으니까.) 나는 열심히 덧셈을 했다. 하지만 왼쪽 절반은 풀 수 없었다. 친숙한 형식이 아니었다. 두 수 사이는 + 기호가 아니라 낯설고 무의미한 가로선 −이었다. 어떻게 하라는 거지?

마침내 방법을 알아냈다. +의 세로 부분이 생략된 것이고, 이는 몸풀기 연습을 하라는 뜻이라고 결론 내렸다. 세로선을 그어 −를 +로 일일이 바꾼 다음 '제대로 된' 문제를 풀었다. 7 − 4는 7 + 4가 되었으며 내 답은 11이었다.

제나는 내가 자기 잠옷에 낙서를 한 것 같은 반응을 보였다. 그녀가 말했다. "그거 덧셈 아니야. 뺄셈이라고."

30년 뒤 그 순간을 거꾸로 다시 경험했다. 아내 테린에게 이 장에 대해 이야기했더니 그녀는 이마를 찡그리며 그걸 꼭 써야겠느냐고 조심스럽게 물었다. "뺄셈이 독자적 연산이라고 말할 작정이야? 아니면, 한낱 덧셈에 불과하다는 걸 설명할 거야?"

짐작하다시피 테린은 수학자다. 그녀 패거리의 방식에 따르면 뺄셈은 음수 더하기의 약칭에 불과하다. 당신이 5 − 3이라고 부르는 것을 그녀 패거리는 5 + −3이라고 부른다. 당신은 처음에 사과 다섯 개를 가지고 있다가 그중 세 개를 주는 게 아니다. 다섯 개를 가지고 있다가 반反사과 세 개를 얻는 것이다.

이 견해는 점잖게 말해 반직관적이다. 두 사물을 더하는 것과 하나를 다른 하나로부터 빼내는 것이 같지 않다는 단순한 사실을 무시하는 것처럼 보인다.

내가 71달러(10달러 지폐 일곱 장과 1달러 지폐 한 장)를 가지고 가게에 가서 망고와 크림소다를 사고 48달러를 낸다고 해보자(나의 일주일치 식료품비 지출이 얼추 이 정도 된다). 분명히 내가 새로 얻은 돈은 하나도 없으며, 오히려 일정 금액이 내 지갑에서 나갔다. 지금 내게 현금이 얼마나 남았는지 알고자 한다면 덧셈은 쓸모가 없다. 71달러에서 48달러를 빼야 한다.

처음에 40달러를 제하는 것은 쉽다. 그러면 31달러가 남는다.

그런 다음 1달러를 더 제하는 것도 식은 죽 먹기다. 이제 30달러가 남았다.

하지만 마지막 7달러를 어떻게 제한담? 이때는 10달러 지폐를 1달러 지폐 열 장으로 바꿔야 한다.

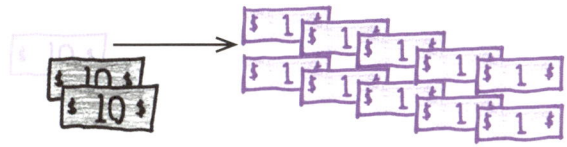

그러면 마지막 7달러를 제할 수 있으며 내겐 23달러가 남는다.

이것은 **받아내림**borrowing이라는 표준 알고리즘을 대략적으로 나타낸 것이다. 덧셈에서는 소액권 다발(이를테면 10달러 지폐 열 장)을 고액권 한 장(100달러 지폐 한 장)으로 바꿔야 하지만, 뺄셈에서는 반대로 고액권 한 장(이를테면 10달러 지폐 한 장)을 소액권 다발(1달러 지폐 열 장)로 바꿔야 한다. 동의하지 않는 사람도 있겠지만, '받아올림'과 '받아내림'이라는 용어는 '잔돈 합치기'와 '큰돈 쪼개기'로 바꾸는 게 낫다.

아무튼 '덧셈'과 '뺄셈'은 동의어가 아니다. 반의어다. 수학에서는 둘을 **역연산**inverse operation이라고 부른다. 서로 상쇄하기 때문이다. 3을 더한 다음 3을 빼면 원래로 돌아간다. 자물쇠를 잠갔다가 푸는 것과 같다.

하지만 아내 테린의 원칙은 뺄셈의 또 다른 쓰임새에서 빛을 발한다. 그것은 거리다. 이를테면, 내가 집에서 71킬로미터 떨어진 곳에서 출발해 48킬로미터를 주행했으면 얼마나 더 가야 집에 도착할까?

2킬로미터만 더 가면 딱 떨어지는 50킬로미터가 된다.

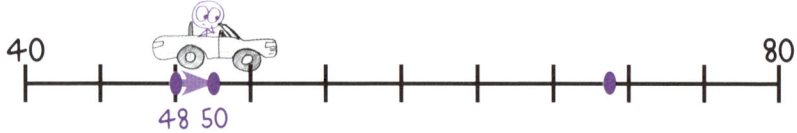

그런 다음 20킬로미터를 더 가면 70킬로미터가 된다.

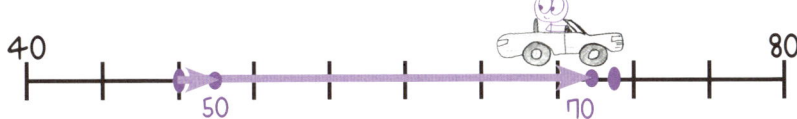

이제 1킬로미터 남았다. 그러니 2 + 20 + 1, 도합 23킬로미터를 주행하면 된다.

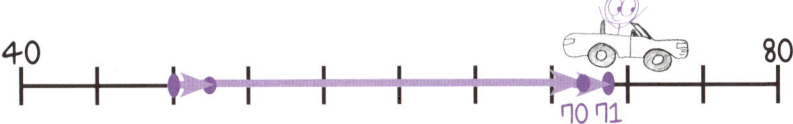

문득 테린의 견해가 그럴듯해 보이기 시작한다. 방금 나는 뺄셈 문제를 풀기 위해 더하기 2, 더하기 20, 더하기 1까지 덧셈을 잇따라 시행했다. 이 더하기 과정은 망고와 크림소다를 살 때와 같은 결과를 내놓지만, 제하는 행위는 한 번도 하지 않았다. 아닌 게 아니라 71킬로미터에서 48킬로미터를 '제한다'는 게 무슨 뜻일까? 나는 고속도로를 달리고 있을 뿐 어느 구간도 빼내지 않는다.

테린의 '뺄셈 같은 건 존재하지 않아' 개념은 단순한 다음 발상으로 귀결된다. '+3과 −3을 같은 수를 이용하는 정반대 과정으로 보는 게 아니라, 반대 수를 이용하는 같은 과정으로 보면 어떨까?'

이 괴상한 관점에는 나름의 이점이 있다. 첫째, 두 연산을 하나로 줄여 수학을 간결하게 한다. 둘째, 까다로운 모호함 몇 가지를 해결하는 데 도움이 된다.

이를테면, '8달러 − 3달러 − 1달러'는 무엇에서 무엇을 빼라는 말일까? 내가 처음에 8달러를 가지고 있다가 3달러를 썼다는 것은 분명하다. 커피를 한 잔 마셨는지도 모르겠다. 하지만 그다음엔 무슨 일이 일어났을까? −1달러는 원래의 8달러에서 빼야 하는 또 다른 지출(이를테면 머핀)일까? 아니면, 바로 앞 지출의 감소(이를테면 커피 쿠폰 사용)이기에 커피값 3달러에서 빼야 할까? 첫째 해석에 따르면 답은 4달러다(수학 교사들은 이것이 정답이라고 말한다). 둘째 해석에 따르면 답은 6달러다(수학 교사들은 이것은 정답이 아니라고 말한다).

테린의 견해는 간단한 해법을 제시한다. 수식 전체를 8 + −3 + −1로 고쳐 쓰면 된다. 양수를 빼는 게 아니라 음수를 더하는 것이다. 뺄셈은 연약하고 까탈스럽지만 덧셈은 무던해서 연산 순서가 어떻든 같은 결과가 나온다.

결국 테린이 옳다면 이 장은 왜 있는 걸까? 빼야 하는 것 아닐까? 아니, 반대인 것을 더해 책에서 사라지게 해야 하나?

이론상으로는 맞다. 뺄셈은 덧셈으로 치부할 수 있다. 하지만 당신과 나는 테린 패거리와 달리 이론 세계에서 살지 않는다. 우리는 현실의 혼잡하고 악취 나는 길거리에서 살아간다. 이곳에는 주파해야 할 고속도로가 있고, 구입해야 할 망고가 있고, 수학자들의 추상적 세계관에 들어맞지 않는 과제들이 있다. 똑똑한 여덟 살 아이가 말한 대로 뺄셈을 독자적 과정으로 보듬는 게 더 낫다. 닐스 보어 말마따나, 심오한 진리의 반대는 또 다른 심오한 진리니까.

곱셈

10월이 다가오면서 초등학교 5학년 학생들은 큰 시험을 앞두게 되었다. 우리 반은 작년 시험에 대해 내게 질문을 퍼부었다. "얼마나 길었어요?" "어려웠어요?" "산 채로 고문하는 것 같았어요?" 그때서야 나는 작년 시험 문제를 직접 풀어보지 않았음을 깨달았다. 학생들에게 시키기 전에 직접 해봐야 할 것 같아서 약 5분 만에 후딱 풀었다.

5분은 너무 짧았던 것 같다. 100점을 받지 못했기 때문이다. 틀린 문제는 2573 × 389였다.

곱셈을 덧셈의 반복이라고 설명하는 경우가 있다. 하지만 내가 생각하는 곱셈은 직사각형을 만드는 연산이다. 8 × 4 곱셈은 가로 길이가 8이고 세로 길이가 4인 직사각형의 넓이를 구하거나, 8행 4열로 배열된 물건의 개수를 헤아리는 것과 같다.

직사각형의 관점에서 생각하면 많은 것이 설명된다. 이를테면, 곱셈에서 순서가 상관없는 것은 왜일까? 7 × 3이 3 × 7과 같은 이유는 무엇일까? 곱셈을 덧셈의 반복으로 보면 쉽게 알 수 없다. 7 + 7 + 7과 3 + 3 + 3 + 3 + 3 + 3 + 3의 결과가 왜 같아야 하나? 하지만 직사각형으로 설명하면 명쾌하다. $a × b$와 $b × a$는 방향이 다를 뿐 같은 직사각형이다. 그래서 수학 용어로 곱셈은 가환commutative이다.

애석하게도 이런 직사각형은 2573 × 389에는 별 소용이 없다. 당신이 점을 끈기 있게 세는 사람이라면 모르겠지만, 이런 과제에서는 표준 알고리즘으로 돌아가야 한다. 암기한 규칙에 따라 공책에서 수를 지지고 볶아야 한다. 나는 물론 규칙을 알고 있었다. 계산을 틀린 건 칠칠맞지 못한 실수 때문이었다.

하지만 나는 알량한 자존심과 고집 때문에 패배를 받아들이길 거부했다. 그래서 이유는 말하지 않고서 동료 에드(명민하고 직관적인 수학자이자 내가 아는 가장 제정신인 사람이다)에게 직접 곱셈해보라고 했다.

에드도 틀렸다. 나는 안도의 한숨을 내쉬었다.

그때 우리의 친구 톰이 들어섰다. 나는 그와 에드, 나 이렇게 셋을 수학과의 삼총사로, 카리스마가 남다른 젊고 멋진 교사로 여겼다. 하지만 에드와 내가 저지른 실수를 톰이 알게 되었을 때 삼총사는 이제 끝장이라는 두려움이 엄습했다. 그는 우리를 경멸과 연민의 눈빛으로 바라보면서 뭐가 틀렸는지 보여주겠다며 자리에 앉았다.

잠시 후, 톰은 서로 다른 두 개의 계산기에서 같은 숫자가 나오는 것을 보고서야 실수를 인정했다.

친구들이 나만큼 허술하고 덜렁거린다는 사실을 알고서 나는 점점 자신감이 생겼다. 그래서 최악의 버릇이 나오고 말았다. 개똥철학을 펼친 것이다. "봤지? 애초에 이런 문제를 내서는 안 돼. 곱셈의 진짜 흥미로운 부분은 이런 게 아니라고."

이를테면, 나는 이보다는 **인수분해**에 더 관심이 있었다. 주어진 수를 다른 두 수의 곱으로 다시 나타내는 것 말이다. 기하학적 용어로 표현하자면, 인수분해란 정해진 개수의 점을 완벽한 직사각형으로 배열하는 것이다.

24 같은 흥미로운 수는 여러 방식으로 인수분해할 수 있다.

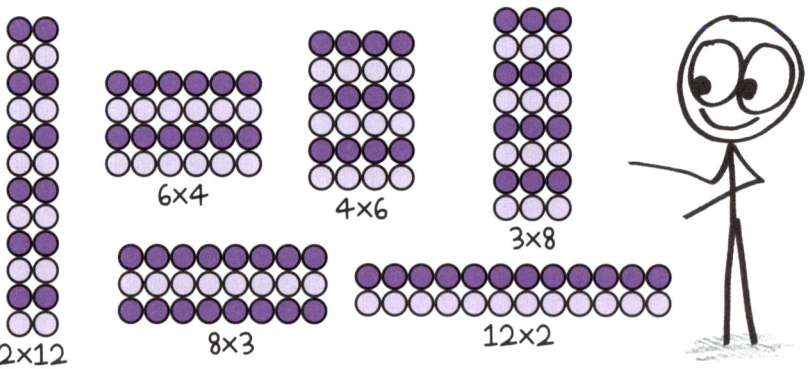

더욱 흥미로운 것은 아무리 해도 인수분해할 수 없는 수다. 이런 수로는 (한 줄짜리 엉터리 직사각형 말고는) 어떤 직사각형도 못 만든다. 이런 수에 대해 나라면 '울퉁불퉁 수'나 '직사각형 아닌 흉물' 같은 이름을 붙였겠지만 수학자들은 '소수prime'라는 더 고고한 호칭에 합의했는데, 어감이 좋다는 것은 솔직히 인정한다.

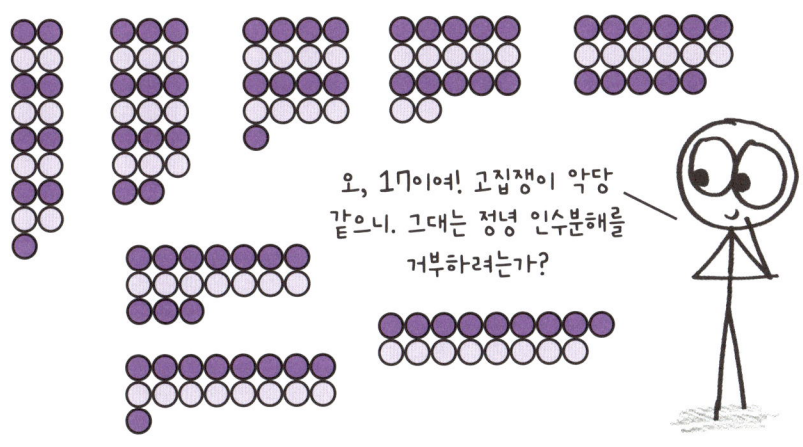

"인수와 소수를 다루는 것이 2573 × 389를 푸는 것보다 훨씬 흥미롭지 않아?"

나의 공상을 늘 참아주는 에드가 말했다. "그럼, 물론이지. 하지만 '흥미롭다'가 우리 교사들의 유일한 우선순위여야 할까? 아니면 우리 학생들도…… 아무 말이나 던져보자면, 두 수를 곱할 줄 알게 해줘야 하지 않을까?"

나는 그가 정곡을 찔렀음을 마지못해 인정했다.

그때 수학과의 현인이 무대에 등장했다. 수학 박사이자 나의 지적 영웅 리처드였다. 우리는 그에게 2573 × 389를 보여주고서 우리 중 아무도 풀지 못했다고 말했다. 그는 이것이 흥미진진한 퍼즐이라도 되는 듯 말했다. "우와, 인수의 밑이 달라? 모듈러 산술을 하는 건가? 표기법에 함정이 있어?" 우리는 거듭 아니라고 말했다. 그냥 수를 곱하는 거라고, 이것 때문에 골머리를 썩이고 있다고 설명했다.

그의 눈에서 기쁨이 사라졌다. 그는 "한심하기는"이라고 말하며 펜을 쥐었다. 잠시 뒤 영국 웨스트미들랜즈에서 으뜸가는 수학과는 4 대 0을 기록했다.

곰셈은 대체 어떻게 하는 걸까? 영국 수학 교사 조 모건은 『수학적 방법 모음 A Compendium of Mathematical Methods』이라는 책에서 곱셈에 관한 열세 가지 알고리즘을 소개한다. 여기에는 표 만들기, 격자법, 문살 곱셈 뿐만 아니라, 고대 이집트식에서 러시아 농부의 방식에 이르는 다양한 지리적 변형도 포함된다. 동료들과 내가 계산에 사용했다 실패한 방법은 학교에서 배우는 전통적 방법인 **세로곱셈**long multiplication이었다. 모건은 이렇게 설명한다. "이 방법은 효율적이고 비교적 간단하지만 나머지 알고리즘 접근법과 마찬가지로 원리를 이해하지 못한 채 시행하는 경우가 많다."[42]

세로곱셈은 여느 방법처럼 **분배법칙**을 활용한다. 분배법칙은 한 개의 큰 직사각형을 두 개의 작은 직사각형으로 쪼갤 수 있다는 단순한 사실을 뜻한다. 이를테면 17 × 6은 10 × 6 더하기 7 × 6으로 쪼갤 수 있다. 하긴 말이 된다. 어쨌거나 무언가가 17개 있다는 것은 그것이 10개 더하기 7개 있다는 것과 같으니까.

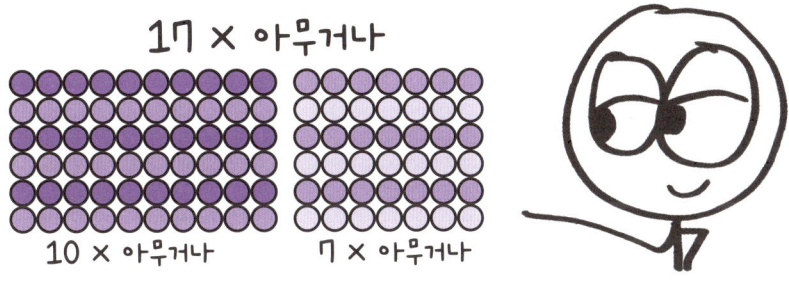

세로곱셈은 알고 보면 문제를 쉽게 풀 수 있을 때까지 분배법칙을 거듭 적용하는 방법이다. 이를테면, 27 × 38을 풀려면 우선 이것을 '38개의 무언가'로 간주한 다음 '30개의 무언가' 더하기 '8개의 무언가'로 쪼개는 것이다.

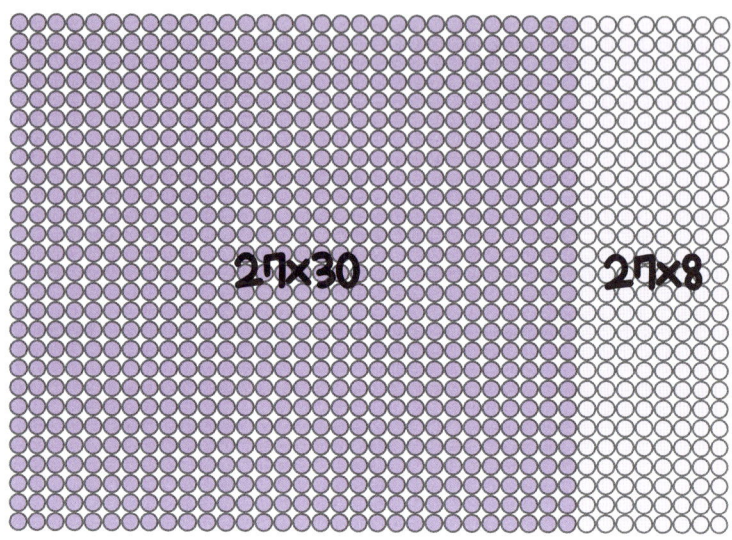

그러면 각각의 곱은 '27개의 무언가'이므로, 이것도 '20개의 무언가' 더하기 '7개의 무언가'로 쪼갠다.

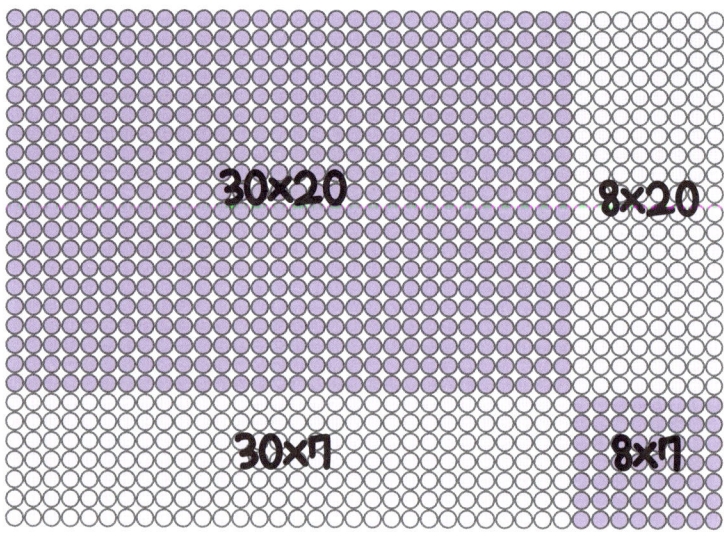

이렇게 해서 한 개의 버거운 곱셈이 네 개의 꽤 수월한 곱셈으로 바뀐다. 마지막으로 할 일은 곱을 전부 더하는 것이다.

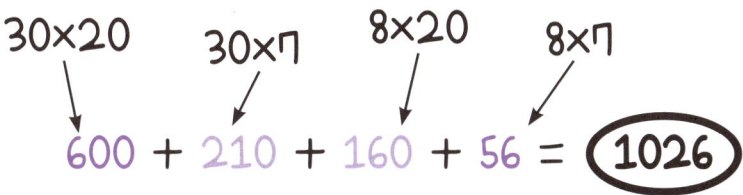

하지만 곱셈이 이렇게 간단하다면 왜 우리는 애먹고 실수하는 걸까?

사실 2573 × 389는 서너 개의 곱셈으로 쪼개지지 않는다. 무려 12개로 쪼개진다. 합계를 구하려면 덧셈을 11번 해야 한다. 이 단계마다 실수를 저지를 위험이 커진다. 연산을 30번 할 때 단 한 번 실수하는 사람이라고 해도 2573 × 389에서 오답을 낼 가능성이 크다.

일반적인 날이었다면 우리 넷 다 이 문제를 쉽게 풀었으리라 확신한다. 하지만 그날은 나쁜 기운이 감돌고 있었다.

교무실에 가니 사이먼이 있었다. 그는 수학 교사 중에서 가장 신중하고 가장 경쟁심 강한 사람으로, 아홉 살짜리 자녀와 뒷마당에서 축구 경기를 하더라도 승리를 위해서라면 거친 파울을 저지를 위인이었다. 23번의 연산을 단 한 번의 실수도 없이 해낼 수 있는 사람이 있다면 그가 바로 사이먼이었다.

어떻게 됐을지 맞혀보라.

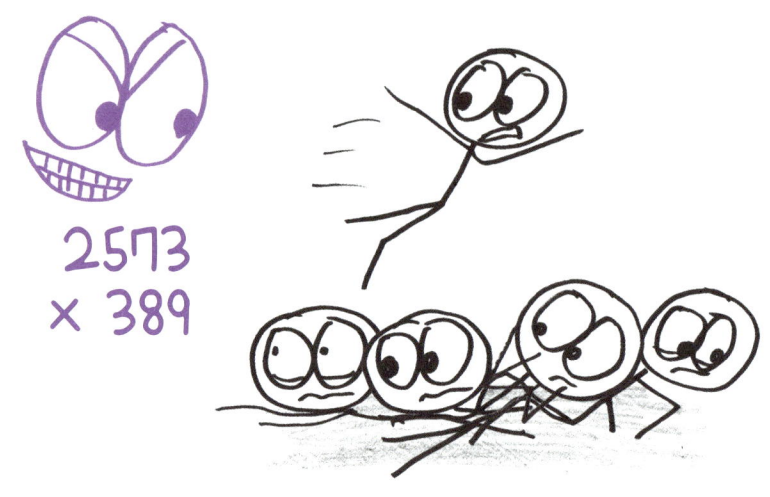

　이 이야기의 요점은 (내가 친한 친구들을 진흙탕에 끌어들였다는 것 말고도) 곱셈 언어가 두 층위에서 작동한다는 것이다. 심층적 층위에서 곱셈은 직사각형의 언어이며 교환법칙, 소수의 성질, 분배법칙 같은 추상적 개념을 나타낸다. 이 층위에서 말하려면 통찰력과 이해력이 필요하다. 하지만 또 다른 층위에서 곱셈은 곱을 계산하는 언어이자 답을 찾는 체계다. 이 층위에서 말하려면 끈기와 정확성이 필요하다. 이날 우리에게 부족한 것은 이 미덕이었다.

　마지막으로, 이 문제를 학과장 닐에게 가져갔다. 우리는 우여곡절 실패담을 읊은 뒤 그에게도 직접 풀어보라고 권했다.

　그는 "허허, 난 빠지겠어요"라며 웃음 띤 얼굴로 나가버렸다.

　우리가 여전히 거기 서서 닐이 우리 중에서 가장 똑똑하다는 데 의견 일치를 보고 있는데, 에밀리가 들어왔다. 에밀리는 활기찬 라틴어 교생으로, 열여섯 살 이후로 수학 수업을 들은 적이 없었다. 그녀가 자원했다.

"제가 해볼래요!" 우리 모두 지켜보는 가운데 그녀는 12번의 곱셈, 11번의 덧셈을 거쳐 정답인 1,000,897에 도달했다.

대학 시절 어느 날 수업에서 교수가 연산을 이야기로 바꾸는 과제를 냈다. 우리는 28 ÷ 4 같은 계산에 시나리오로 살을 붙여야 했다. 이런 식으로 말이다. "쿠키 28개를 네 사람에게 나눠주면 한 사람에게 몇 개씩 돌아갈까?"

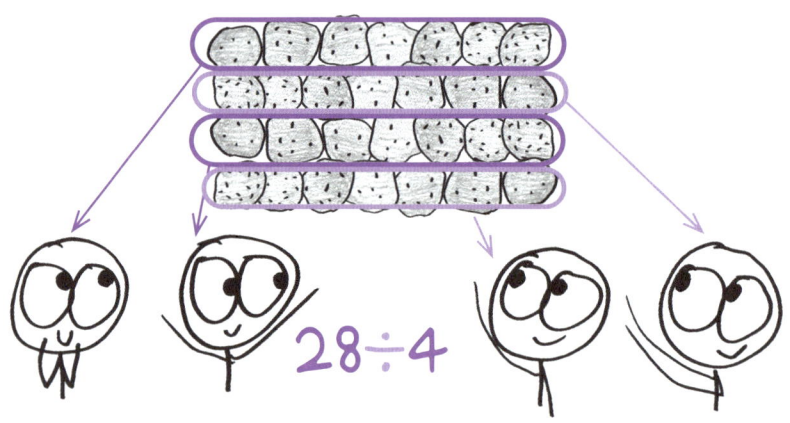

나는 새내기 수학 전공자로서 모욕감을 느꼈다. 이런 생각이 들었다. '뭐야! 난 리군Lie group도 아는 몸이라고. 적어도 리군 수업을 듣긴 했단 말이야. 그런 내가 초등학교 산수를 해야겠어?'

교수가 말했다. "일본의 거의 모든 수학 교사가 이 나눗셈에 맞는 이야기를 만들어내죠. 하지만 미국 교사 중에서 그 문제에 맞는 이야기를 만들어낼 수 있는 사람은 극소수에 불과합니다."

나는 한숨을 내쉬며 또 다른 식은 죽을 예상했다. '예순 명에게 쿠키 61개를 나눠주려나? 아니면, 세 명에게 쿠키 여덟 개 반을? 참나, 진짜 흥미진진하고 다양하네!'

교수가 말했다. "17 나누기 $\frac{1}{2}$을 어떤 이야기로 만들 수 있을까요?"

어안이 벙벙했다.

나는 나눗셈 하면 늘 쿠키 나누기 연산을 떠올렸다. 쿠키 나누기 이야기는 최종 결과가 분수일 때에도 말이 되고(17개의 쿠키를 두 사람에게 나눠주기), 나누는 총량이 분수일 때에도 말이 된다(17과 $\frac{1}{2}$개의 쿠키를 두 사람에게 나눠주기). 하지만 인원이 분수이면 어떻게 하나? 17개의 쿠키를 $\frac{1}{2}$명에게 나눠준다는 게 무슨 뜻이지?

내가 말했다. "이렇게 하면 어때요? 각 사람 몫의 절반이 쿠키 17개다. 한 사람의 온전한 몫은 몇 개일까?"

교수는 '비슷하긴 한데 아니야'를 나타내는 만국 공통어로 손을 좌우로 흔들었다. 그러고는 말했다. "그건 17 × 2에 더 알맞은 이야기 아닐까요?"

아하! 이제 알겠다. 내가 말했다. "네, 물론이죠. 하지만 그건 곱셈과 나눗셈이 역연산이기 때문이에요. $\frac{1}{2}$로 나누는 것은 2를 곱하는 것과 같아요. 그러니까 $17 \div \frac{1}{2}$에 들어맞는 이야기는 17×2에도 들어맞을 수밖에 없어요. 그 반대도 마찬가지고요."

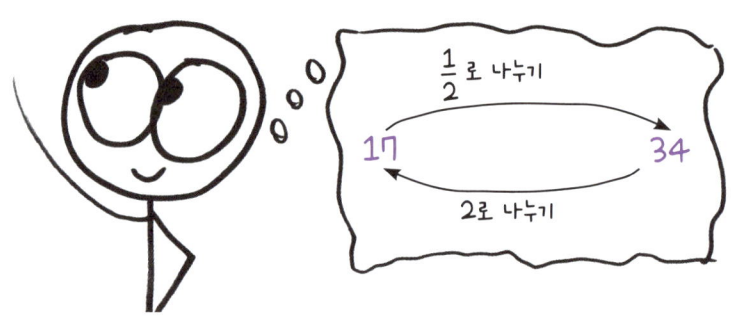

그가 말했다. "이론상으로는 그렇긴 해요. 하지만 상자가 두 개 있고 책이 각각 17권 들어 있으면 그걸 $17 \div \frac{1}{2}$로 표현하겠어요?"

그가 정곡을 찔렀다. 난 정곡을 찔리는 게 싫다.

어떤 견해(내가 스물한 살에 품었던 견해)에 따르면, 수학 언어의 아름다움은 비현실성에 있다. 수학은 우리를 지리멸렬한 이 세상에서 구출하여 엄밀한 추상의 영역으로 데려간다. 논리가 순수할수록, 다시 말해 물리적 현실에서 멀어질수록 진리는 더 깊어진다. 아인슈타인이 말했다. "수학 법칙은 현실과 관계있는 한 확실하지 않으며, 확실한 한 현실과 관계없다."[43]

내가 보기에 물리적 세계는 확실한 진리를 위해 치러야 할 사소한 대가였다. 내 견해에 따르면 $17 \div \frac{1}{2}$과 17×2는 구별되지 않았다. 어떤 수로 나누는 것은 역수를 곱하는 것과 같다. 언제나, 그리고 영원히.

그건 그렇고 이런 식의 유창함은 진짜 유창함일까? 아니면, 나는 땅콩버터 샌드위치를 만들 줄 모르는 유명 요리사와 비슷한 건 아닐까? 언제 그런 계산이 필요한지 적절한 예를 생각해낼 수 없다면 17을 $\frac{1}{2}$로 나누는 것에 무슨 유익이 있을까? 수학자 조던 엘렌버그는 이렇게 썼다. "한 수를 다른 수로 나누는 것은 단순한 연산일 뿐이다. 무엇을 무엇으로 나눠야 하는지 알아내는 것이야말로 수학이다."[44]

나눗셈을 제대로 이해하려면 곱셈으로 돌아가야 한다. 모든 곱하기는 어느 수를 묶음의 크기로 보느냐에 따라 두 가지 미묘하게 다른 해석이 가능하다. 2 × 5는 다섯 개로 이루어진 묶음이 두 개라는 뜻일까? 아니면, 두 개로 이루어진 묶음이 다섯 개라는 뜻일까?

이 둘은 서로 다른 그림이 된다. 다섯 짝짜리 두 개와 두 짝짜리 다섯 개는 다르다.

그렇다면 나눗셈은 곱셈의 역연산이니까 마찬가지로 두 가지 해석이 가능하다. 10 ÷ 2라고 할 때 10개를 두 묶음으로 가른다면, 이것은 쿠키 나누기 나눗셈이다. 사범대 교수들은 이것을 등분제 partitive division 라고 부른다.

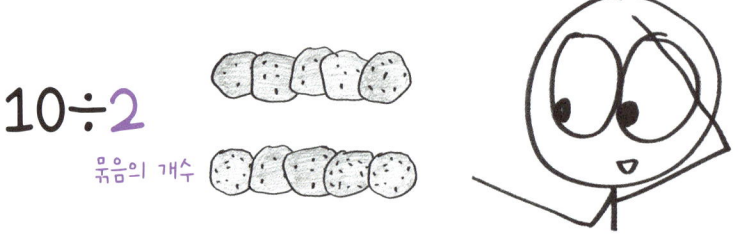

여기서 내가 놓치고 있던 반전이 나온다. 10개를 각각 2개로 이루어진 묶음으로 가를 수도 있지 않은가? 나는 이것을 **들통 채우기 나눗셈**이라고 부른다. 10리터의 물로 2리터들이 들통을 몇 개나 채울 수 있는지 알아보는 경우와 같기 때문이다. 수학 교육 전문가들은 이것을 **포함제**quotative division 라고 부른다.

이유는 알 수 없지만(자본주의?) 미국에서는 쿠키 나누기가 기본값이다. 하지만 나눗셈을 유창하게 구사하려면 둘 다 알아야 한다.

"0으로는 나눌 수 없다"라는 유명한 진리를 예로 들어보자. 쿠키 나누기 해석에 따르면 9 ÷ 0은 헛소리다. 쿠키 아홉 개를 0명에게 나눠준다는 뜻이니 말이다. 이것은 이치에 맞지 않는 문제다. 하지만 들통 채우기 해석에 따르면 9 ÷ 0은 이런 뜻이다. 물 9리터로 0리터들이 들통 몇 개를 채울 수 있을까? 이 문제는 말이 된다. 하지만 명확한 답은 없다. 물이 동나기 전에 들통이 바닥날 것이기 때문이다. 그러므로 0으로 나누기는 불가능한 연산이다('무제한'과 '무한'의 방향을 가리키기는 하지만).

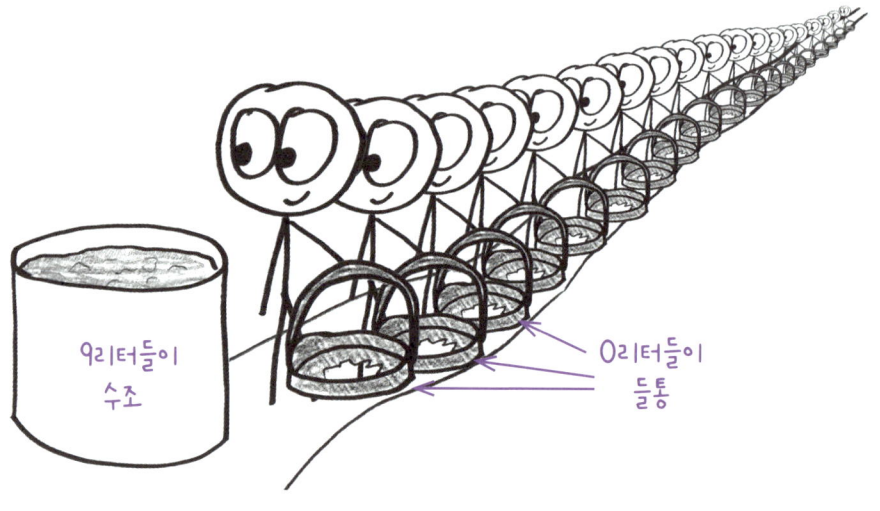

　나는 우리말을 유창하게 구사하지만 간단한 진리에 놀랄 때가 있다. 이를테면, '음식을 공급하다'를 뜻하는 낱말('feed')은 있지만 '음료를 공급하다'에 해당하는 낱말은 없다는 게 이상하지 않나? (옛날에는 'drench'라는 낱말이 있었다.) 언어를 사랑한다는 것은 끝없이 경탄할 마음의 준비를 하는 것이다.

　2분간 끙끙대다가 교수에게서 17을 $\frac{1}{2}$로 나누는 간단한 이야기를 들었을 때에도 나는 경탄했다. 그는 이렇게 물었다. "17달러는 반 달러, 즉 50센트 동전으로 몇 개일까요?"

　어떻게 저걸 생각하지 못했을까?

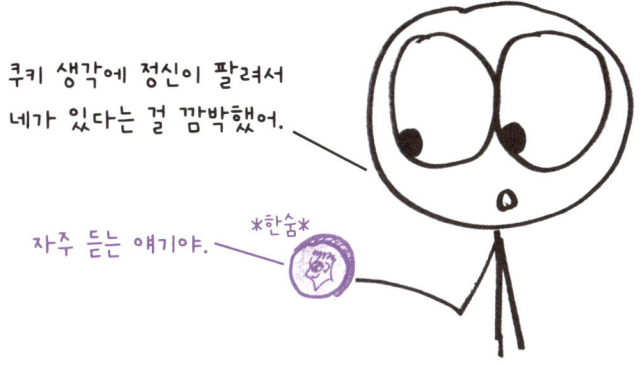

수학이란 탑 같다는 생각이 들 때가 있다. (쿠키 더미, 들통, 50센트 동전 같은) 일상 경험의 세속적 세계에서 (리군 같은) 추상적 관념의 고고한 세계로 우리를 인도하니 말이다. 위층으로 올라가면 쾌감과 힘이 느껴진다. 하지만 아래로 내려가도 같은 쾌감이 (그리고 다른 종류의 힘이) 느껴진다. 저 아래에서는 토대를 만져보고 수학이 세상과 연결되는 접점을 들여다보며, 우리의 반 리터들이 들통을 새로운 통찰로 채울 수 있다.

제곱과 세제곱

나는 사람들이 당연한 것을 모를 때 놀라지 않으려고 노력한다. 캐나다라는 나라에 대해 들어본 적이 없다고? 그럴 수도 있지. 캐나다인들은 목소리가 나직하니까. 소고기가 소의 고기라는 걸 몰랐다고? 당신 탓이 아니다. 대부분의 소도 그 사실을 모른다. '판단하지 않는다.' 이것이 나의 철학이다. 세상은 넓고 바다는 깊다. 아무리 박식한 만물박사도 모든 것을 알지는 못한다.

그럼에도 '제곱squaring'이 실제 '정사각형square'을 일컫는다는 사실에 놀라는 사람이 이렇게 많다는 게 믿기지 않는다.

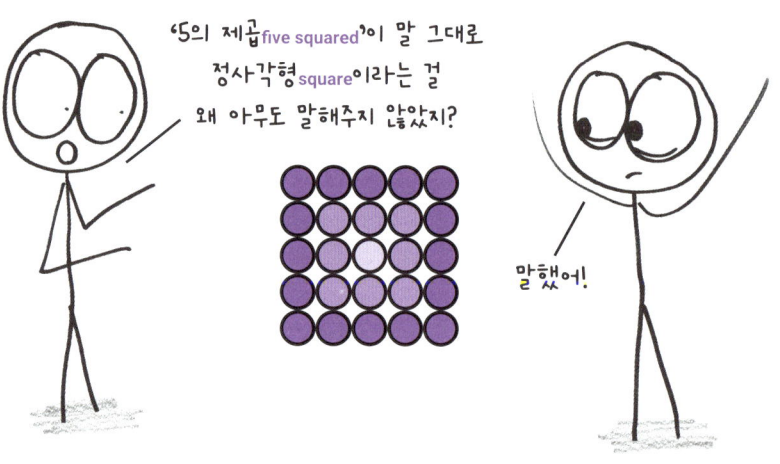

기호 5^2과 발음 '5의 제곱'은 같은 뜻이다. 하지만 어원은 영어 '소고기'와 '소'처럼 정반대다. 중세 영국에서는 프랑스어를 쓰는 엘리트만 고기를 먹을 수 있었다. 그래서 'beef(소고기)'라는 낱말은 고대 프랑스어 'boef(뵈프)'에서 왔다. 한편 가난한 앵글로색슨인은 밭을 일구며 짐승을 키웠다. 그래서 'cow(소)'라는 낱말은 고대 영어 'cū(쿠)'에서 왔다. 한 어원은 근사한 음식을 나타내고, 다른 어원은 비천한 가축을 나타낸다. 같은 짐승인데도 그렇다.

수학도 마찬가지다. '네모 만들기 squaring'*라는 낱말은 기하학의 세속 언어에서 온 반면에, 작고 고상한 ^{2}(제곱)은 대수학의 천상 언어에서 왔다. 네모 만들기와 제곱은 한 피조물의 두 이름이다.

첫째, 기하학적 이름을 살펴보자. 알다시피 정사각형은 변의 길이가 같은 특수한 직사각형이다. 그러므로 제곱은 인수가 같은 특수한 곱셈이다.

- 이 책에서는 'squaring'을 대수학의 문맥에서는 '제곱(하기)'으로, 기하학의 문맥에서는 '네모 만들기'로 번역한다.

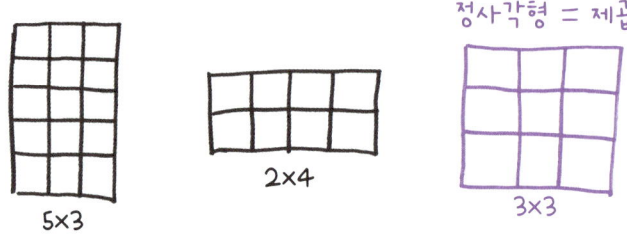

'세제곱'도 똑같다. 세 수를 곱하면 각기둥이라는 특수한 직육면체가 된다. 세 수가 모두 같으면 이 각기둥은 정육면체다.

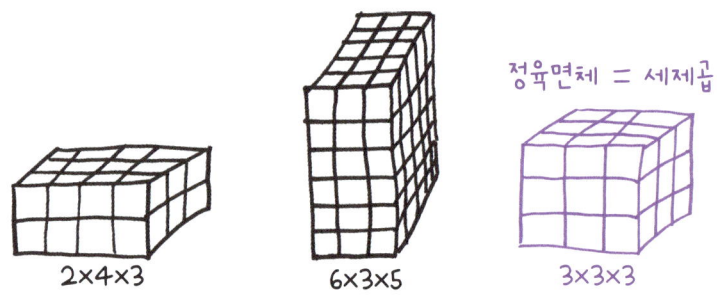

기하학적 세계관에서 수는 결코 단순한 수가 아니다. 언제나 일종의 측정이다. 수가 하나 있으면 길이를 얻는다. 수가 둘(길이와 너비) 있으면 넓이를 얻는다. 수가 셋(길이, 너비, 높이) 있으면 부피를 얻는다. 수백 년간 수학자들은 수, 제곱, 세제곱을 l(선), q(면), c(입체)라는 전혀 다른 표기법으로 나타냈다. 기하학적 구조가 다르면 이름도 달랐다.

수가 넷이면, 이건 까다로운 문제다. 길이, 너비, 높이, 그리고…… 뭐가 있을까? 네 번째 차원이 무엇인지는 분명치 않다. 그래서 유클리드 시절의 학자들은 어떻게든 네 개의 수를 곱하는 일을 피하려고 갖가지 애를 썼다.

하지만 세월이 흐르면서 기하학적 세계관은 시들해졌다. 수학자들은 수, 제곱, 세제곱이 '곱셈의 반복'이라는 하나의 집단에 속해 있음을 알게 되었다. 그리하여 A의 제곱은 A^2($A \times A$의 약호)이 되었고, 세제곱은 A^3($A \times A \times A$의 약호)이 되었으며, 정체를 알 수 없는 $A \times A \times A \times A$조차 A^4이라는 이름으로 수학의 상류사회에 받아들여졌다.

새 체제는 보편적 일반성을 간결하고 기억하기 쉬운 형식으로 표현할 수 있다. 빨리 계산하는 데도 제격이다. 하지만 문제점도 있다.

그것은 $(a+b)^2$과 $a^2 + b^2$이 같다는 끈질긴 오해다.

우리 교사들은 이 오해를 타파하려고 안간힘을 쓴다. 예를 들고, 증명을 제시하고, 허공에 대고 고함을 지르기까지 한다. 하지만 어떤 방법도 효과가 없다. 이 오해가 너무 솔깃해서다. 지수의 대수적 언어가 이 오해를 부추긴다.

이에 반해, 정사각형의 기하학적 언어로는 이 오해를 쉽게 물리칠 수 있다. 논밭에 가보면 가로세로 13미터 정사각형의 면적이 가로세로 10미터 정사각형과 가로세로 3미터 정사각형을 합한 것보다 넓다는 걸 금방 알 수 있다. 기하학적으로 볼 때 $(a + b)^2$은 작은 정사각형 두 개로 이루어지지 않았다.

작은 정사각형 두 개 외에도 **직사각형 두 개를 또 더해** 이루어졌다.

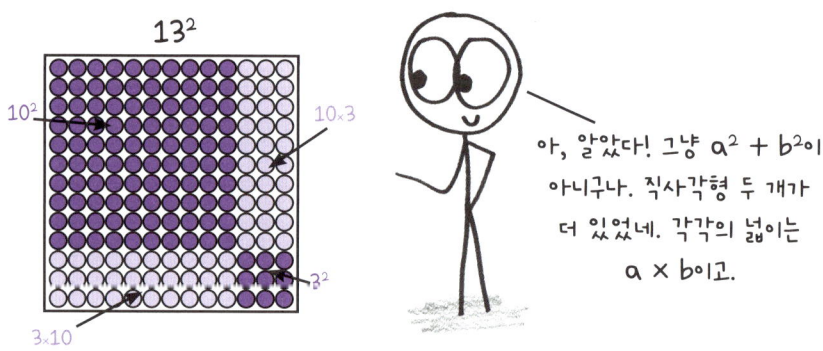

'네모 만들기'와 x^2(제곱)은 한 개념을 일컫는 두 이름이다. 하나는 기하학적이고 하나는 대수적이다. 하나는 구체적이고 하나는 추상적이다. 하나는 논밭에서 왔고 하나는 연회장에서 왔다. 하나에서 알 수 있는 것을 다른 하나에서는 알 수 없다. 그럴 수밖에 없다. 세상은 넓고 바다는 깊고 아무리 정교한 표기법도 모든 진리를 표현할 수는 없으니까.

어느 오후, 애슐리가 수학 문제를 가지고 찾아왔다. 애슐리는 내가 가르치고 있는 자율형 공립고등학교*에 얼마 전 3학년으로 전학 온 학생이다.

반 친구들은 몇 년간 고역을 치르며 낮은 점수와 과중한 숙제에 이골이 났지만, 애슐리는 이런 속성 진도가 낯설었다. 심지어 약간 두렵게 느끼는 것 같았다. 내가 문제를 가리키며 말했다. "음, 4를 2분의 7제곱하라는 게 무슨 뜻일까?" 애슐리는 고개를 떨구더니 죄송하다고 말했다. 기운 빠지는 출발이었다.

학생의 수학 질문에 답하다 보면 과거를 파고들어야 할 때가 많다. 포렌식 전문가가 되어 과거를 한 겹 한 겹 벗겨내며 학생이 제대로 습득하

- 이런 학교를 'charter school'이라고 하는데, 보통 엄격한 규율, 높은 학업 기준, 강도 높은 교육 프로그램으로 운영된다.

지 못한 오래된 기술을 찾아내야 한다.

내가 말했다. "그렇구나. 제곱근이 정확히 뭐지?" 애슐리는 머뭇거렸다. 빠진 고리를 찾았다는 생각이 들었다. 애슐리는 수를 제곱하는 법은 알고 있었다. 5의 제곱이란 5 곱하기 5, 즉 25라는 것을 알았다. 하지만 이 과정을 뒤집어 "제곱하면 25가 되는 수는 무엇인가?"라고 묻는 것은 애슐리가 내디뎌본 적 없는 걸음이요, 아직 구사하지 못하는 언어였다.

왜 그런지는 쉽게 알 수 있었다. 제곱근은 별종이다. 수학계의 불규칙 동사랄까.

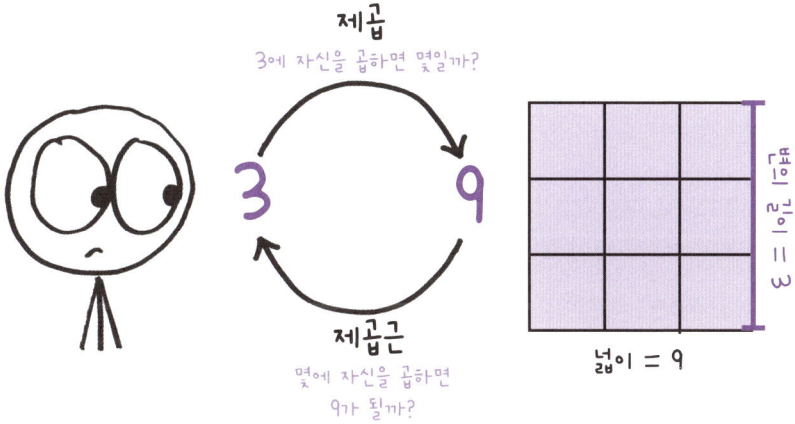

근은 이름이 많다. 미국에서는 '래디컬radical'이라고 부르고 영국에서는 '서드surd'라고 부른다. 하지만 근의 진짜 골치 아픈 문제는 별난 성격도, 실존적 부조리도 아니다.

문제는 근이 고약하디고약한 수라는 것이다.

제곱근을 손으로 계산해본 적이 있는지? 더럽게 힘들다. 계산기가 널리 보급되자마자 우리는 제곱근을 교과과정에서 빼버렸다. 아이들을 탄광에 보내지 않는 것과 같은 이유에서였다.[45]

물론 근이라고 해서 전부 지독한 것은 아니다. $\sqrt{4}$와 $\sqrt{9}$처럼 반듯한 정수가 되는 것도 있다. 하지만 둘 사이에 있는 근들은 무리수이며 끝없는 소수로만 표현할 수 있다. $\sqrt{7}$은 대체 몇일까? 계산기는 대략적인 값(약 2.646)을 보여주지만 무한한 종이와 시간이 없을 때 7의 제곱근을 나타내는 유일하게 정확한 문구는 '제곱하면 7이 되는 수'다.

제곱근은 엉성하게 설계된 언어처럼 보일 수도 있다. 하지만 실상은 훨씬 심란하다. 제곱근은 엉성하게 설계된 현실에 맞게 잘 설계된 언어다. 가로세로 1센티미터인 정사각형을 대각선으로 가로질러보라. 당신은 방금 $\sqrt{2}$ 단위를 걸었다. 네모라는 가장 단순한 모양을 가로지르는 가장 짧은 경로의 길이가 무리수인 것이다. 이 수에 이름을 붙이는 방법은 이 수를 산출하는 연산, 즉 $\sqrt{2}$를 기술하는 것뿐이다.

이렇듯 근은 명사와 동사의 구별을 송두리째 뒤섞는다. 우리는 연산을 써놓고서 마치 그것이 수인 것처럼 취급한다.

아닌 게 아니라 극단적radical이고 터무니없다absurd.

나는 생각을 가다듬으려 애쓰며 애슐리에게 말했다. "알겠다. 이렇게 하면 되겠구나." 솔직히 말하자면 애슐리의 마음에 들지는 알 수 없었지만, 이 개념을 금세 알아들을 것이라는 확신이 있었다. 나는 화이트보드에 기호를 몇 개 적고는 질문을 하려고 돌아보았다.

하지만 애슐리는 화이트보드를 보고 있지 않았다. 울고 있었다. "죄송해요. 잠깐만 기다려주세요. 그저…… 이게 저한테 그동안 그렇게 어려웠다는 게…….''

애슐리가 말끝을 흐렸지만 무슨 말을 하려는지 알 것 같았다. 오랫동안 애슐리는 기호들을 이해하지 못해 애를 먹었다. 알아들을 수 없는 언어에 매일같이 낙담했다. 나는 무력감을 느끼며 그 자리에 서 있었다. 아무 말도 할 수 없었다.

몇 주 뒤 애슐리는 우리 학교를 그만뒀다. 우리는 행운을 빌어주었다. 애슐리가 무사히 졸업했는지는 모르겠다.

나와의 대화가 애슐리에게 짧은 카타르시스를 선사했다고, 잠시나마 애슐리가 자신이 똑똑하다는 사실을 실감했다고 믿고 싶다. 나는 믿고 싶다고 말하지만 실은 **믿어야 한다**. 늘 급하고 바빠서 내가 많은 학생에게 정반대로 행동했음을 알아서다. 나는 칠판에 대수학 풀이 단계를 휘갈기거나 짜증이 나 성마름이 목소리에 스며들도록 내버려두었고, 시험 점수가 기준에 못 미쳐도 대책을 마련하거나 공감을 보이지 않았다. 이 모든 사소하고 끔찍한 행동으로 아이들이 스스로를 멍청하다고 느끼도록 했다.

애슐리가 우리 학교를 그만두고 몇 달 뒤 버스 창밖 너머로 애슐리를 본 적이 있다. 우리는 미소를 지으며 서로에게 손을 흔들었다. 나는 집에 도착할 때까지 간신히 울음을 참았다.

지수

곧잘 나의 골머리를 썩이는 의문이 하나 있다. 왜 사람들은 지수적 성장을 올바로 이해하지 못할까?

지수적 성장은 **자연적이지 않은** 개념일까? 그렇지 않다. 자연에서 얼마든지 볼 수 있는 패턴이다. 세균에서 토끼, 인간에 이르기까지 온갖 개체군은 지수적으로 성장하는 경향이 있다.

지수적 성장은 **복잡한** 개념일까? 꼭 그런 건 아니다. 선형적 성장은 매 단계에 일정한 양을 더할 때 일어나는 반면에(2, 4, 6, 8, 10……), 지수적 성장은 매 단계에 일정한 양을 곱할 때 일어난다(2, 4, 8, 16, 32……).

지수적 성장은 너무 낯선 개념일까? 이것도 아니다. 소셜 미디어 네트워크, 감염병 대유행, 심지어 인기 동영상이 퍼지는 것을 보았다면 당신은 지수적 성장을 두 눈으로 목격한 것이다.

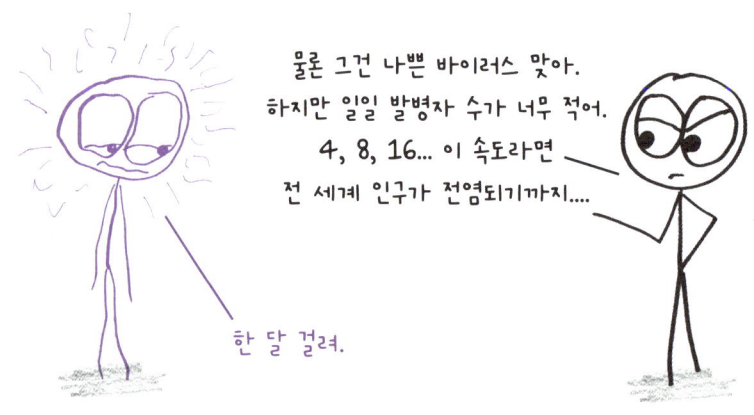

그렇다면 대체 왜 사람들은 지수적 성장을 그토록 어려워할까? 한 가지 이유는 언어인 듯하다. 지수는 필수적 개념이지만 이해할 수 없는 기호로 둘러싸여 있다. 존경과 두려움의 대상인 '지수법칙' 말이다.

규칙	예
$x^0 = 1$	$2^0 = 1$
$x^{-n} = \dfrac{1}{x^n}$	$2^{-3} = \dfrac{1}{2^3} = \dfrac{1}{8}$
$x^{\frac{1}{n}} = \sqrt[n]{x}$	$2^{\frac{1}{3}} = \sqrt[3]{2}$ (약 1.26)

우리는 오랫동안 학생들에게 지수란 곱셈의 반복이라고 말했다. 이를테면, 2^3은 $2 \times 2 \times 2$라는 뜻이다. 그러다 조지 오웰적인 반전*을 일으켜 지수란 결코 그런 게 아니라고 태세를 전환한다. 어떤 지수는 역수이고, 어떤 지수는 근이며, 어떤 지수는 어명이라도 받은 듯 언제나 1과 같다고 말이다. 마치 정부에서 '절도'의 정의에 '남의 물건을 훔치는 것'뿐 아니라 '못생긴 차를 운전하는 것'과 '공공장소에서 재채기하는 것'까지 포함하는 격이다. 법 조항이 아무렇게나 새로 정의될 수 있다면 어느 시민이 안전하게 느낄 수 있겠는가?

• 소설 『1984년』에서 묘사한 전체주의 사회에서 진실 왜곡과 언어 조작이 일어난 것을 의미한다.

하지만 이 지수 규칙들은 겉보기만큼 변덕스럽지 않다. 실은 필연적이다. 이 법칙들은 '2^3은 곱셈의 반복이다'라는 정의에서 자연스럽게 유도되며 서로 맞물리는 부품으로 이루어진 체계를 이룬다.

2^{-3}에서와 같은 음의 지수는 **역곱셈의 반복**이다.

$2^{\frac{1}{2}}$에서와 같은 분수 지수는 **부분곱셈**이다.

2^0에서와 같이 0인 지수는 **무곱셈**이다.

내 말이 무슨 뜻인지 알려면 2의 거듭제곱을 수직선에 표시해보라. 이 수들은 근사하지만 아직은 아무 의미도 없다. 그러니 세균 개체수가 한 시간마다 두 배로 증가한다고 상상해보자. 처음에는 작은 얼룩이 있다. 한 시간이 지나자 얼룩 크기가 두 배로 커졌다. 두 시간이 지나자 네 배로 커졌다. 세 시간이 지나자 원래 크기의 여덟 배가 되었다. 이런 식으로 계속된다.

이렇게 **지수**를 **지수적 성장**과 짝지을 수 있다.

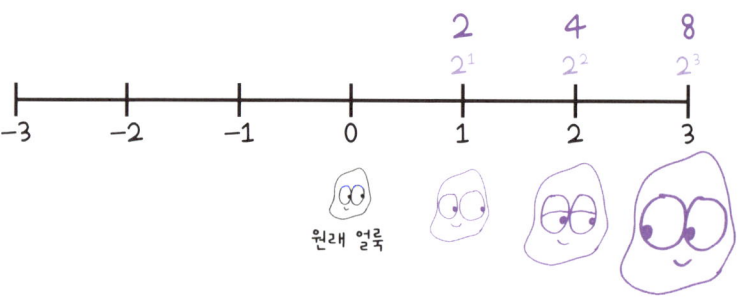

첫째, 0시간이 지났을 때는 어땠을까? 그때는 우리가 측정을 시작한 순간이므로 얼룩은 원래 크기, 즉 얼룩 하나 정도의 크기였다. 이것이 무곱셈이다.

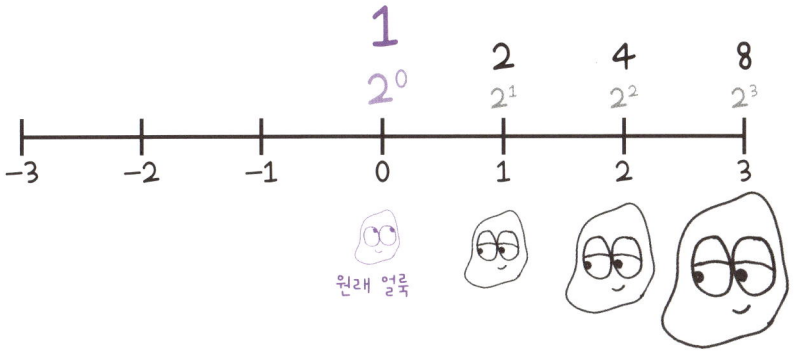

영상이 한 시간 뒤로 진행될 때마다 개체수는 두 배로 증가한다. 그러므로 영상을 한 시간 **이전**으로 돌리면 개체수는 절반으로 감소할 것이다. 계속 전으로 돌리면 **곱셈**이 아니라 **나눗셈**을 반복하게 될 것이다.

그러므로 −1시간이 지났을 때(시작 시각보다 한 시간 전) 얼룩은 원래 크기의 $\frac{1}{2}$이었을 것이다. −2시간이 지났을 때(시작 시각보다 두 시간 전) 얼룩은 원래 크기의 $\frac{1}{4}$이었을 것이다. 이런 식으로 계속된다.

이것은 나눗셈의 반복이다. 역곱셈의 반복인 셈이다.

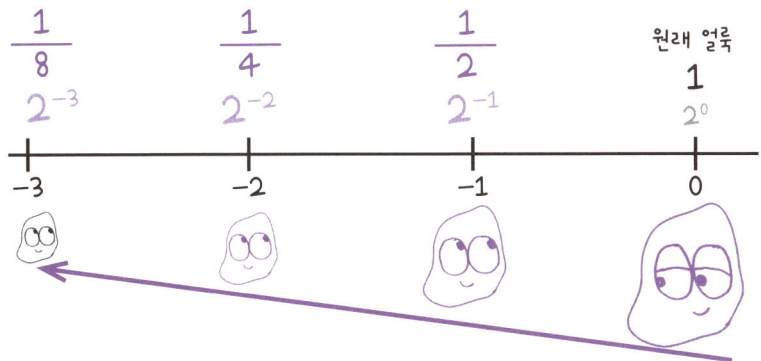

마지막으로, 매 시간의 사이에는 어떻게 될까? 0시간이나 1시간이 아니라 반 시간이 지났을 때 얼룩의 크기는 얼마큼이었을까?

이번엔 정신을 바짝 차려야 한다. 1에서 2로 갈 때 중간점은 당신의 추측과 달리 1.5가 아니다. 당신의 추측은 **덧셈법적** 사고방식이다. 1 + 0.5 + 0.5는 실제로 2와 같다. 하지만 지수적 성장은 더하기가 아니라 곱하기다. 우리가 바라는 것은 '1 + 어떤 수 + 어떤 수 = 2'가 아니라 '1 × 어떤 수 × 어떤 수 = 2'다.

다행히 이 어떤 수에는 이름이 있다. 바로 $\sqrt{2}$이다. 반 시간이 지났을 때 세균 개체군은 원래 얼룩 크기의 $\sqrt{2}$(약 1.41)배다.

이것을 부분곱셈이라고 부른다.

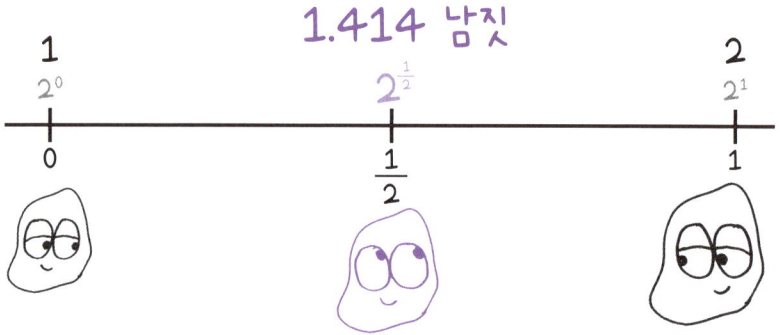

이 논리를 적용하면 양의 시간, 음의 시간, 0시간, 심지어 분수 시간이 지났을 때의 세균 개체군 크기를 알 수 있다. 보라! 개체군 크기는 그 말썽 많은 '지수법칙'과 딱 맞아떨어진다.

3제곱은 곱셈의 반복이다.

0제곱은 무곱셈이다.

−3제곱은 나눗셈의 반복이다.
$\frac{1}{3}$제곱은 부분곱셈이다.

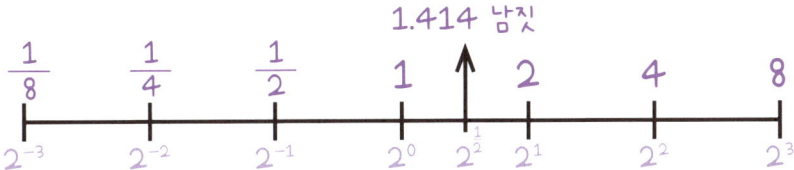

옛말에 이르길, "시란 같은 것에 다른 이름들을 붙이는 기예"라고 한다. 수학자 앙리 푸앵카레는 이렇게 화답했다. "수학이란 서로 다른 사항에 같은 명칭을 부여하는 기술"이다.[46]

지수가 좋은 예다. 우리는 서로 다른 네 가지 것에 하나의 이름을 붙인다. 곱셈의 반복(2 × 2 × 2), 나눗셈의 반복($\frac{1}{2 \times 2 \times 2}$), 제곱근($\sqrt{2}$), 그리고 지극히 평범한 수 1이 모두 지수 개념으로 묶인다. 이것이 허깨비가 아니라 기술인 것은 실제로 효과가 있기 때문이다. 이 네 가지 연산은 서로 관계가 없어 보이지만 실은 지수적 성장의 네 단계다.

그렇다고 해서 지수적 성장이 '쉬운' 개념인 것은 아니다. 호모 사피엔스가 1만 명 남짓한 작은 집단에서 출발했음을 생각해보라. 이 집단이 10억 명에 도달하기까지 수천 세대가 걸렸다. 그 뒤 20억 명에 도달하는 데는 4~5세대가 걸렸다. 4~5천 세대가 아니라 4~5세대다. 30억 명에 도달하는 데는 한 세대밖에 걸리지 않았으며, 그 뒤 40억 명은 10년 만에 도달했다. 지수적 성장이 비자연적이고 복잡하고 낯선 개념이 아닐지는 몰라도 괴상한 것은 분명하다.

로그

영국 북부의 한 섬에 있는 도시 스트롬니스의 아담한 책방에서 나는 『사라지는 사전The Disappearing Dictionary』을 샀다. 언어학자 데이비드 크리스털은 다양한 영어 방언을 책에 기록했다. 대벌릭dabberlick(꺽다리 말라깽이), 럼검프션rumgumption(상식, 기민함), 스퀸치squinch(벽이나 바닥에 난 좁은 금) 등 지방색이 물씬 풍기지만 더는 쓰이지 않을 위기에 처한 낱말들이다.[47] 개인적으로 좋아하는 낱말은 '로가람logaram'이다. 의미(헛소리, 잡설, 장황한 이야기를 뜻한다) 때문만이 아니라 어원 때문에도 맘에 든다.

'로가람'은 허튼소리의 최고봉인 로가리듬에서 파생했다.

'로가리듬logarithm'(줄여서 '로그')이라는 낱말은 몇백 년 전 스트롬니스에서 남쪽으로 몇백 킬로미터 떨어진 곳에서 만들어졌다. 이것은 '로고

스'(논리)와 '아리스모스'(수)의 합성어로, 말 그대로 '논리적 수'라는 뜻이다. 물론 저 호의적 평가에 모두가 동의하지는 않았다.

어쨌거나 로그의 탄생에는 분명한 목적이 있었다. 로그는 어려운 계산을 쉬운 계산으로 바꿔준다.

계산기가 등장하기 전에는 큰 수의 곱셈이나 나눗셈을 하는 데 시간이 오래 걸렸다. (곱셈에 대한 장에서 내가 애먹은 사연을 읽어보라.) 하지만 덧셈과 뺄셈은 어땠을까? 그다지 괴롭진 않았다. 그래서 로그가 등장했다. 두 수를 곱하는 게 아니라 로그표에서 로그값을 찾은 다음, 결과를 일반적인 수로 환산하면 된다. 이런 식으로 로그는 곱셈을 덧셈으로 번역한다.

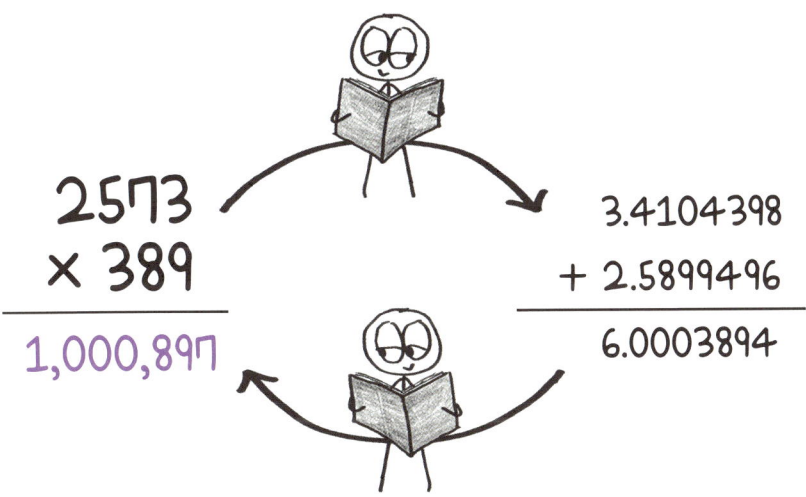

로그의 효과는 일종의 수축이다. 로그는 곱셈을 덧셈으로, 나눗셈을 뺄셈으로, 제곱을 배가로, 제곱근을 반감으로, 거대한 수를 조그만 수로 수축시킨다.

한마디로 로그는 수학적 수축 광선shrink ray•이다.

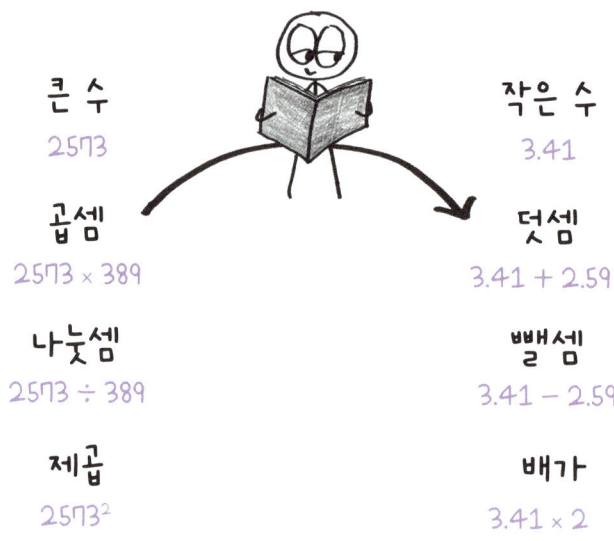

한동안 모든 학자는 로그표를 끼고 살아야 했다. 천문학자 요하네스 케플러는 친구에게 보낸 편지에 이렇게 썼다. "스코틀랜드의 한 귀족이 등장해⋯⋯ 모든 곱셈과 나눗셈을 덧셈과 뺄셈으로 대신할 수 있게 해주는 엄청난 일을 했다네."48 1823년 수학자 찰스 배비지는 영국 재무부 장관에게 "감자만큼 싼 로그표"를 공급하겠노라 호언장담했다. 틀림없이 듣던 중 반가운 소리였을 것이다.

오늘날 감자는 여전히 팔리지만 로그표는 한물간 지 오래다. 우리에게

• 물체를 작아지게 하는 가상의 광선

로그는 더는 고역을 덜어주는 연장이 아니다.

로그는 이제 연산이다. 구체적으로 말하자면 거듭제곱의 역연산이다. 지수는 자릿수를 펼치고, 로그는 자릿수를 접는다.

지진을 예로 들어보자. 지금껏 기록된 최대 규모의 지진(1960년 5월 22일 칠레에서 일어났다)에서 방출된 에너지는 캘리포니아주 오클랜드에 있는 우리 집을 흔드는 가벼운 지진 방출량의 10억 배에 가깝다. 이런 천양지차의 크기를 다루려면 어떻게 해야 할까? **모멘트 규모**°라고 불리는 로그 척도로 다루면 된다. 그러면 지수적 도약(×1000)을 선형적 도약(+2)으로 수축시킬 수 있다.

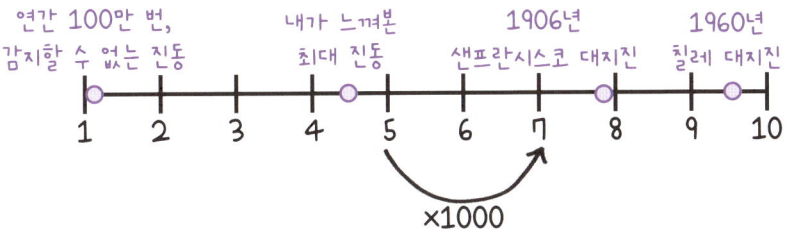

음파도 마찬가지다. 우렛소리는 귓속말보다 10억 배 더 강하지만 데시벨(dB)이라는 로그 척도를 이용하면, 이 거대한 차이를 만만한 차이로 줄일 수 있다. 그러면 매 단계 곱하기(×10)가 매 단계 더하기(+10)로 바뀐다.

- 지진파 에너지 방출량(모멘트) 기반으로 지진 규모를 측정하는 척도로, 지진 규모 1 증가는 에너지 약 32배 증가를 의미한다.

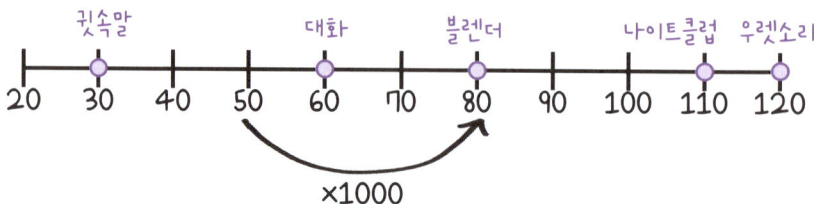

　화학 물질의 산도에서 항성의 밝기에 이르기까지, 과학의 모든 영역에서 우리는 곱하기 척도를 더하기 척도로 번역해야 한다. 로그는 우리의 '곱셈-덧셈' 사전이다.

　게다가 무척 요긴한 사전이기도 하다. 과학 이외의 영역에서도 그랬다. 로그는 몇백 년간 공학과 항해의 기본 도구였다. 과학 저술가 제임스 글릭 말마따나 "로그는 배를 구했다." 하지만 로그는 더 나은 계산 도구로 나아가는 길을 닦았다. 스스로 쇠락을 위한 토대를 확립한 것이다. '곱셈-덧셈' 사전은 실은 '사라지는 사전'이었다.

　아니, 다들 그런 줄 알았을 것이다. 계산을 쉽게 하려고 탄생한 로그는 그보다 훨씬 유용한 쓰임새를 입증했다. 이런 면에서, 로그는 수학이라는 언어 전체의 축소판이다. 협소하고 실용적인 목적에서 생겨나 심오하고 광대한 문학의 세계로 성장하니 말이다. 그리고 이 문학에는 여전히 이따금 '로가람'이 들어설 자리가 있다.

묶기

중의적으로 읽히는 신문 기사 제목을 모아놓은 기발한 목록을 본 적이 있다.[49] 그중 셋은 영원히 기억에 각인되었는데, 하나하나가 생생하고 끔찍한 이미지를 떠올리게 한다.

제목이 주는 인상과 달리, 이런 끔찍하고 흥미진진한 일은 전혀 벌어지고 있지 않다. 진짜 의미는 '우유를 마시는 사람들이 가루우유로 돌아서고 있다', '아이들이 건강에 좋은 간식을 만들고 있다', '심판에 대한 불만이 험악해지고 있다'다. 기사 제목은 이렇게 두 가지로 해석할 수 있지만 우리는 세상에 대한 지식을 통해 어느 해석이 옳은지 분명히 알 수 있다.•

모든 언어에는 중의성ambiguity의 여지가 있다. 중의성이란 당신의 말이

• 첫 번째 제목은 MILK DRINKERS ARE TURNING TO POWDER에서 'turn to'가 '~로 변하다'와 '~로 돌아서다'를 모두 의미하는 데서, 두 번째는 KIDS MAKE NUTRITIOUS SNACKS에서 'make'가 '~가 되다'와 '~를 만들다'를 모두 의미하는 데서 비롯된 오해다. 세 번째는 어순이 혼란을 야기한 경우다.

당신이 의도하고 뜻한 바대로 받아들여지지 않는 것을 말한다. 하지만 중의성은 수학자들에게 유난히 골칫거리다. 수학 언어는 순수 문법의 언어이기 때문이다. 등식에는 우리가 실마리로 삼을 문맥 단서가 하나도 없다.

이를테면, 다음의 간단한 수식을 보라. 어느 연산이 먼저일까? 덧셈일까, 곱셈일까?

$$2 + 3 \times 4$$

덧셈을 먼저 하면 답은 5 × 4 = 20이다. 곱셈을 먼저 하면 2 + 12 = 14다. 자, 어느 쪽이 옳을까? 우유를 마시는 사람들은 가루우유로 돌아서고 있을까, 가루우유로 변하고 있을까?

또 다른 예를 살펴보자.

$$2 \times 3^2$$

곱셈을 먼저 하면 답은 $6^2 = 36$이다. 제곱을 먼저 하면 $2 \times 9 = 18$이다. 어느 것이 의도된 해석일까? 아이들은 요리를 하고 있을까, 간식이 되고 있을까?

우리에게는 이러한 중의성을 어떻게 해소할지에 대해 합의가 필요하다. 대혼란을 피하기 위해서는 어느 연산을 먼저 시행할지 정하는 합의된 체계가 있어야 한다. 다행스럽게도 수학자들은 간단한 규칙으로 의견을 모았다.

센 연산이 먼저다.[50]

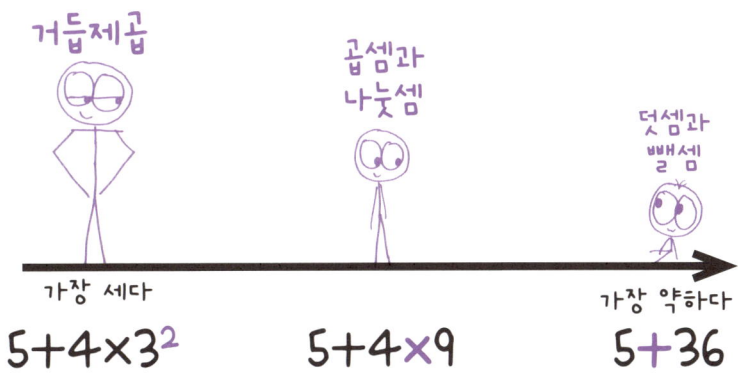

이를테면, 곱셈은 덧셈보다 세다. (실제로 곱셈은 덧셈의 반복이다.) 그러므로 2 + 3 × 4에서는 곱셈을 먼저 하고 덧셈을 나중에 한다. 답은 14다.

그런가 하면 거듭제곱은 곱셈보다 세다. (실제로 거듭제곱은 곱셈의 반복이다.) 그러므로 2 × 3²에서는 제곱을 먼저 하고 곱셈을 나중에 한다. 답은 18이다.

그렇다면 8 − 2 − 5 + 4는 어떻게 해야 할까? 덧셈과 뺄셈은 똑같이 세다. (서로 역연산이니 그럴 수밖에 없다.) 그래서 무승부이므로 그냥 왼쪽에서 오른쪽으로 연산하면 된다. 그러면 6 − 5 + 4가 되고 1 + 4가 되어 답은 5다.

이로써 중의성이 해소되었다. 하지만 문제가 하나 있다. 약한 연산이 먼저 시행되도록 하고 싶을 땐 어떡해야 할까? 이런 의도를 표현할 방법이 없을까? 우유를 마시는 사람들이 **정말로** 가루우유로 변하는 기상천외한 일이 일어난다면 어떻게 경고해야 할까? 기본적 연산 순서만 가지고는 안 된다. 그 순서를 뒤집을 방법도 필요하다. 여기서 괄호가 등장한다.

연산을 가장 센 것에서 가장 약한 것 순으로 시행하되 **괄호가 없을 때만** 그렇게 하라.

따라서 곱하기 전에 더하기를 하고 싶으면 (2 + 3) × 4라고 쓰면 된다. 이제 괄호로 묶인 2 + 3은 하나의 단위로 봉인되었다. 우리는 괄호 안에서 할 일을 다 끝낸 뒤에야 밖을 내다볼 수 있다. 최종 결괏값은 20이다.

거듭제곱하기 전에 곱하기를 하고 싶으면 역시 마찬가지로 괄호를 이용해 (2 × 3)²이라고 쓰면 된다. 이제 2 × 3은 괄호 결혼으로 묶인 한 쌍의 수다. 바깥의 어떤 연산도 둘 사이를 갈라놓을 수 없다. 최종 결괏값은 36이다.

더하고 나서 곱하고 그다음에 거듭제곱하고 싶으면 어떻게 해야 할까? 그럴 땐 겹겹이 괄호를 쳐서 수의 묶음을 둘러싸 누가 누가 한집안인지 나타내면 된다. $1 + 4 \times 3^2$이 아니라 $((1 + 4) \times 3)^2$이라고 쓰는 것이다.

수학 규칙에는 두 종류가 있다. 하나는 **규약**convention, 다른 하나는 **법칙**law이라고 부를 수 있겠다. 규약은 수학 언어를 어떻게 구사하고 해석하는지에 관여한다. 이를테면, $4\frac{1}{2}$이 $4 + \frac{1}{2}$과 같다는 사실은 규약이다. 만약 우리가 원한다면 국제회의를 소집하여 $4\frac{1}{2}$이 $4 \times \frac{1}{2}$을 뜻하도록 만장일치로 규약을 수정할 수 있다. 이제부터 '우정'은 '아이스크림'을 뜻한다고 합의할 수 있는 것처럼 말이다. 괴상하긴 하지만 완벽하게 타당하다.

이에 반해, 법칙은 수학적 진리를 다룬다. 언어로 표현되기는 해도 언어보다 심층적이다. 이를테면, $a \times b$와 $b \times a$가 같다는 사실은 법칙이다. 어떤 국제회의로도 이 진리를 바꿀 수는 없다. 언어는 우리 맘대로 주물럭거릴 수 있지만, 어떤 언어에 합의하든 기본 원칙은 달라지지 않는다.

연산 순서는 재미있는 사례다. 규약인데도 종종 법칙으로 오해받는다. 소셜 미디어에서 몇 달에 한 번씩 유행하는 별난 문제를 살펴보자. 내가 이 책을 쓰기 시작할 때 등장한 전형적 사례는 수학자 스티븐 스트로가츠가 《뉴욕 타임스》에 소개한 것으로, "마치 골탕을 먹이려고 만든 것

처럼 교묘하게 왜곡된" 문제였다.[51]

자, 8 ÷ 2(2 + 2)의 답은 무엇일까?

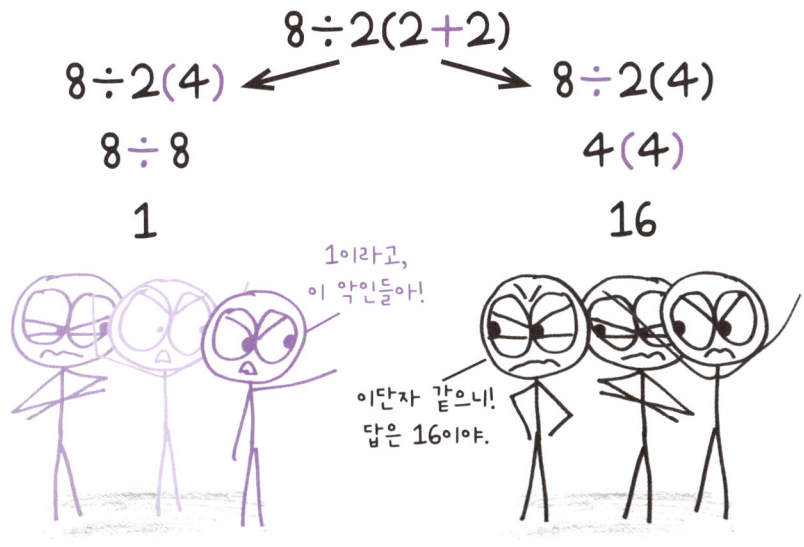

문제는 누락된 것에 있다. 가장 먼저 나오는 2와 바로 다음의 괄호 사이에 기호가 없어서 이 사달이 났다. 이렇게 아무것도 없으면 곱셈을 뜻하므로, 2와 (2 + 2)를 곱하면 된다. 하지만 이 곱셈은 나눗셈보다 먼저 해야 할까, 나중에 해야 할까? 나눗셈은 왼쪽에 있으므로 '왼쪽 → 오른쪽' 논리를 따르자면 8 ÷ 2에서 4를 구한 다음 (2 + 2)를 곱하여 16을 얻는다.

하지만 기호조차 없이 딱 붙어 있는 2와 (2 + 2)를 이혼시키기가 찜찜하게 느껴질 수도 있을 것이다. 그러니 '왼쪽 → 오른쪽' 규칙은 곱셈을

×이나 * 같은 실제 기호로 나타낼 때만 적용된다고 하면 어떨까? 이 논리에 따르면 2와 (2 + 2)를 먼저 곱해 8을 얻은 다음, 8을 8로 나눠 1을 얻는다.

그렇다면 누가 옳을까? 16이라고 말하는 사람일까, 1이라고 말하는 사람일까?

솔직히 말하자면, 나는 이 문제에 관심이 없다. 이건 법칙에 대한 문제가 아니라 규약에 대한 문제이며, 여기서는 규약이 모호하다. 이것은 과학자가 돌멩이를 연못에 떨어뜨렸을 때 무슨 일이 일어날지 묻는 것과는 다르다. 그보다는 과학자가 무슨 의도로 그랬는지 물어야 하는 문제다.

수학은 언어이므로 사람들이 제대로 못 쓰면 해결책은 하나뿐이다. 바로 무슨 의도로 말했느냐고 묻는 것이다.

내가 가장 좋아하는 문제 중 하나는 교사 클레어 롱무어가 낸 다음 문제다.

단원이 120명인 교향악단이
베토벤 교향곡 9번을 연주하는 데 40분이 걸린다.
단원이 60명이면 몇 분이 걸릴까?

요 몇 년간 클레어의 문제가 인터넷을 떠돌면서 가는 곳마다 의심과 분노를 자아냈다(베토벤 교향곡 9번을 제대로 연주하려면 한 시간 넘게 걸린다는 사실 때문만은 아니었다). 이 문제는 써놓은 대로만 보면 완전히 헛소리다. 바이올린 연주자 한 명을 내보낸다고 해서 교향곡의 빠르기가 달라지지는 않는다. "이건 그런 식으로 돌아가는 게 아냐." 누군가의 비웃는 트위터(현 X) 글을 수백만 명이 읽었다. "그 무엇도 그런 식으로 돌아가지 않아." 또 누군가는 이렇게 맞장구치며 출산에 비교했다. "여자가 아기를 낳는 데는 아홉 달이 걸려. 그러면 여자 둘이 아기를 낳는 데는 몇 달이 걸릴까?" 당신은 그들의 조롱에 동참하고 싶어서 손가락이 근질거릴 것이다.

어쨌거나 대체 어떻게 생겨먹은 교사이기에 이런 엉터리 문제를 냈을까?

알고 보니 똑똑한 교사였다. 클레어는 단순하지만 강력하게, 묘하지만 아리송하게 요점을 짚었다. 바로 올바른 계산이란 전혀 계산하지 않는 것일 때도 있다는 것이다.

클레어의 문제보다 수십 년 전에 등장한, 또 다른 비슷한 문제를 살펴보자.

제시된 정보만으로는 문제에 답할 수 없다. 양치기의 나이는 '양몰이 개당 양 마릿수' 단위로 표시되지 않는다. 그럼에도 한 고전적 연구(그리고 뒤이은 재현 연구들)에서 초등학생의 약 4분의 3은 이 문제를 풀려고 계산을 시도했다. 대부분은 나눗셈을 하여 25를 얻었다. 두 수를 평균하여 65를 얻거나, 더해 130을 얻거나, 심지어 곱해 양치기를 625세 산신령으로 만들기도 했다.

많은 학생은 문제가 말도 안 된다는 걸 알았다. 하지만 클레어의 조언을 받아들이지 못했고 계산하려는 충동을 억누를 수 없었다.

그런데 애초에 계산이 왜 중요할까? 그것은 측정으로는 한계가 있기 때문이다. 이를테면, 우리는 별까지의 거리를 측정할 수 없다. 대신 측정할 수 있는 것(계절에 따른 별의 경사각 변화 등)을 측정한 다음 알고 싶은 것을 계산해낸다. 이렇게 계산은 낡은 수를 새로운 지혜로 탈바꿈시킨다.

하지만 이것은 **올바른** 계산일 때 얘기다.

더 미묘한 예를 들어보겠다. 식당에서 손님 세 명이 25달러어치 계산서를 받는다. 각자 10달러를 내고 거스름돈 5달러를 받는다. 그래서 각자 1달러씩 챙기고 남은 2달러를 팁으로 준다.

그런데 잠깐. 각 손님이 최종적으로 지불한 금액은 9달러이니까 총액은 27달러다. 여기에 팁 2달러를 더하면 29달러다. 하지만 최초 금액은 30달러였다.

1달러는 어디 갔을까?

이것은 진짜 문제처럼 보인다. 진짜 답이 있을 것만 같다. 하지만 양치기 산신령 문제 못지않게 허튼소리다. '사라진 1달러'는 무의미한 연산의 허깨비 효과에 불과하다. 앞서 계산에서 27달러(총 지불액)와 2달러(팁)를 더했는데, 사실 2달러는 27달러에 이미 포함되어 있었다. 클레어 룽무어라면 '저게 바로 바보짓'이라고 말했을 것이다. 30달러는 이렇게 셈해야 한다. 밥값 25달러 더하기, 팁 2달러 더하기, 손님 각각에게 돌아간 3달러. 여기서 유일한 미스터리는 '왜 9 + 9 + 9 + 2라는 아무 상관없는 연산을 수행했느냐'다.

부모들은 종종 버릇없는 아이에게 이렇게 말한다. "공손하게 말하지 못하겠거든 아무 말도 하지 마." 이것을 수학적으로 표현하면 다음과 같다. 제대로 계산하지 못하겠거든 아무것도 계산하지 마. 하지만 욕설을 참는 것과 마찬가지로, 이건 말처럼 쉬운 일이 아니다. 아니, 말하는 것보다 안 하는 게 더 힘들다고 해야 할지도 모르겠다. 덧셈, 뺄셈, 곱셈, 나눗셈, 거기다 거리, 넓이, 부피, 인수 구하기까지 학교 수학은 온갖 활동으로 정신이 없다. 이런 아수라장에서 몇 년을 보내고 나면 안 하기보다 힘든 게 없는 법이다.

나는 2장 첫머리에서 연산이 실제로는 동사가 아니라고 지적했다. 가령 2 + 3에서 +는 접속사(2 그리고 3) 또는 전치사(3과 함께 있는 2)에 가깝다. 나는 이것을 '사소해 보이는 기술적 문제'로 치부하고 나중을 위해 제쳐두었다. 그 나중이 바로 지금이다. 지금까지 우리는 +와 −를 우리에게 계산하라고 지시하는 동사로 읽었다. 하지만 이제 우리는 수학을 전혀 새로운 방식으로 읽어야 한다.

지시가 아니라 구조로 읽어야 하는 것이다.

이를테면, 내가 생각할 수 있는 가장 단순한 연산인 1 + 1을 살펴보자. 우리는 이것을 "수를 더하라"라는 명령으로 읽는다. 하지만 수학 문법에서 이것은 명령이 아니다. 사물에 불과하다. 명사 두 개가 연결된 명사구일 뿐이다. '하나와 하나'는 '개 한 마리와 또 다른 개 한 마리'와 비슷하다. 원한다면 '개 두 마리'라고 고쳐 써도 무방하다. 하지만 이런 바꿔쓰기는 선택 사항이다. 이 언어에서 1 + 1은 답이 2인 질문이 아니라, 2와 동의어인 명사다.

더 복잡한 예로서 3 × 7 × 11을 살펴보자. 이것은 명령이 아니다. 수다. 원한다면 동의어 231로 바꿔도 되지만 그 과정에서 무언가를 잃게 된다. 누가 내게 젤리빈 231개를 같은 분량으로 나누라고 하면, 나는 어쩔 줄 몰라 당황할 것이다. 하지만 3 × 7 × 11개의 젤리빈을 같은 분량으로 나누라고 하면 어떻게 해야 하는지 안다. 7 × 11개의 세 묶음이나 3 × 11개의 일곱 묶음이나 3 × 7개의 열한 묶음으로 나누면 된다. 하지만 3 × 7 × 11을 231로 바꾸면 이 정보가 싹 지워진다. 계산하지 않을 때만 수의 성격이 뚜렷하게 드러난다.

이따금 올바른 계산이란 전혀 계산하지 않는 것일 때가 있다. 지시를 무시하고 구조에 주목하라.

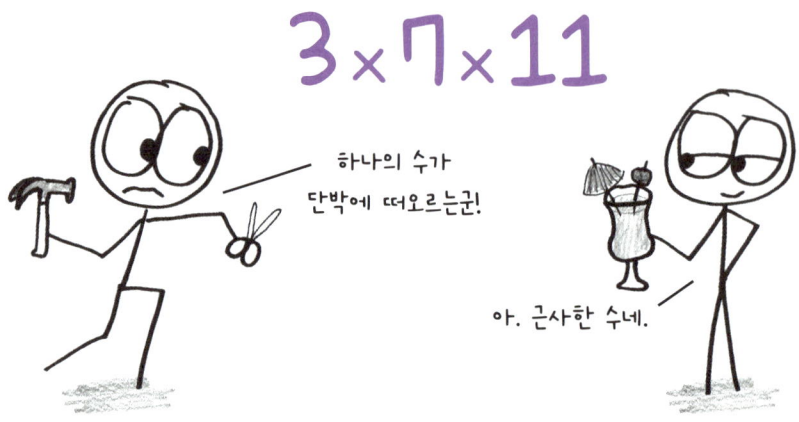

이 책의 초고를 삼촌 폴에게 보여줬더니 이 대목에서 그가 미심쩍은 표정을 지었다. "지시가 아니라 구조라고? 이해가 안 되는군. 내겐 수학 자체가 지시인걸."

폴만 그런 게 아니라는 걸 안다. 3 × 4를 자립적인 사물로, 12의 동의어인 명사로 읽는 것은 어색하다. 수학을 이렇게 읽는 방법(3장의 주제다)은 '코시즘cossism'이라는 딱 맞는 이름으로 불린 적이 있다. '사물'을 가리키는 이탈리아어 '코사cossa'에서 온 낱말이다. 한마디로 사물주의 thingism인 셈이다.

하지만 우리는 더 친숙한 명칭인 대수를 쓰기로 하자.

3장 문법: 대수

나는 문법 교사에게 연민을 느낀다. 그들의 과목은 내 과목처럼 부당한 비난에 시달린다. 학생들은 문법을 제도화된 잔소리로 여긴다. 젊은이의 자연스러운 말투("My friend and me……")를 늙은이의 어색한 말투("My friend and I……")로 바꾸려 든다는 것이다.

내가 알기로, 문법에 대한 이런 비난은 완전히 잘못된 것이다.

피진pidgin을 생각해보라. 피진은 서로 다른 언어를 쓰는 사람들이 강제로 섞여 소통해야 할 때 생겨나는 언어다. 피진 사용자들은 여러 언어에서 끌어모은 상투적 표현을 즉석에서 짜깁기해 임시 관용구 사전을 만든다. 피진은 현실적 필요에서 생겨나지만 누구의 모국어도 아니며 실은 어엿한 언어도 아니다.

그러다 이 사람들이 아이를 낳는다. 아이들은 주변 언어를 배우는 데 뛰어난 소질을 발휘한다. 그런데 주변 언어가 **없으면** 어떻게 될까? 그러면 아이들은 수월하게 기적을 부린다. 자기들끼리 이야기하는 것만으로 피진을 온전한 복잡성을 가진 체계로 다듬는 것이다. 나무 인형 피노키오가 생명이 있는 남자아이로 변한 것처럼, 피진도 생명을 얻어 어엿한 언어인 크레올creole로 바뀐다.[53]

둘의 차이, 즉 피진에는 없고 크레올에는 있는 것은 **문법**이다. 젊은이들의 자연발생적 말투는 문법에 어긋나는 것이 아니다. 그게 바로 문법이다.

한마디로 문법은 구조다. 문법은 흩어진 낱말들에 언어적 생명을 부여한다. 문법 규칙은 예절의 규칙이 아니라 화학 법칙과 비슷하다. 작은 원자(소리, 낱말, 접사)가 결합해 다채롭고 무궁무진한 언어 요소를 형성하는 과정을 설명해주기 때문이다.

그렇다면 수학의 문법은 무엇일까?

이 책에서 지금까지 다룬 것은 **산술**이다. 산술의 명사는 수이고 동사는 연산이며, 둘을 합치면 9 = 2 + 7 같은 현실적이고 구체적인 생각을 표현할 수 있다.

하지만 산술은 언어보다는 피진에 가깝다. 서로 다른 두 연산에서 이따금 같은 결과가 나오는 이유는 무엇일까? 지루한 계산을 간결하게 줄일 수 있는 것은 언제일까? 부정확한 측정은 이후 계산에 어떤 영향을 미칠까? 산술은 이런 물음을 제기하지만 (적어도 우리가 배운 형식으로는) 답은 내놓지 못한다. 피진으로 피진을 설명할 수는 없다.

지금까지는 그랬다. 여기 3장에서는 피진이 크레올로 활짝 피어난다. 산술 구문이 대수 언어를 낳는다.

산술 피진　　　　　대수 크레올

'대수'를 가리키는 영어 'algebra(알제브라)'는 아랍어 'al-jabr(알자브르)'에서 왔다. 이 낱말은 부러진 뼈를 치료하듯 부서진 부분을 재결합하는 행위를 가리킨다. 수학은 이 낱말을 비유로서 받아들였다. 의사가 부러진 뼈를 맞추듯 대수학자는 알 수 없는 양의 파편적 조각을 재결합한다. 이 비유는 다른 방향으로 받아들일 수도 있다. 산술이 뼛조각 모음이라면 대수는 이것들을 융합해 야무진 전체로 만든다. 그러니까 대수는 인간 정신을 위한 새로운 팔다리인 셈이다.

    수학자들에게 가장 좋아하는 기호가 뭐냐고 물으면 대개는 발끈한다. 납득할 만한 반응이다. 음악가에게 가장 좋아하는 음을 묻거나 요리사에게 가장 좋아하는 오븐 온도를 묻는 것과 비슷하니까. 그런 질문을 하는 것은 예술의 섬세한 측면을 존중하는 태도라고 보기 힘들다. 하지만 수학자들이 마지못해 내놓는 답은 놀랍게도 일치한다. 그들이 사랑하는 것은 시그마 기호다.

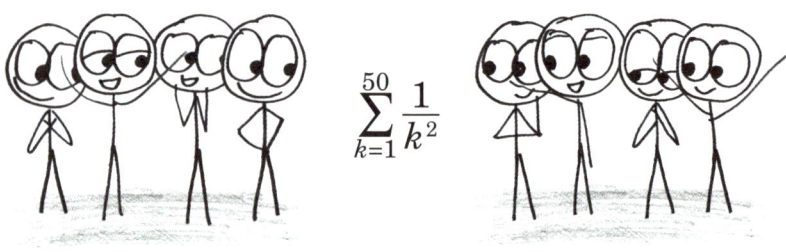

$$\sum_{k=1}^{50} \frac{1}{k^2}$$

    기호를 뜻하는 'symbol(심볼)'이라는 낱말은 고대 그리스어 'symbolon(심볼론)'에서 왔다. 이것은 짐승의 발가락뼈 조각으로, 하트 모양 펜던트처럼 반으로 부러뜨려 두 사람이 하나씩 나눠가졌다. 심볼론이 이렇게 먼 곳의 동반자들을 이어주었다면 기호는 우리를 머나먼 개념과 이어준다. 기호는 아득한 추상화의 징표다.

    그렇기에 수학 알파벳은 영어 알파벳과는 조금 다르다. 각각의 기호는 개념에 이름을 붙인 것이다. 영어 알파벳은 26개의 글자로 몇십 개의 소리를 표현하지만, 수학 기호는 수천 개에 이르며 그 의미는 영구적으로 팽창하는 개념 집합을 포괄하기 위해 늘 변동한다.

수학 알파벳에는 다음과 같은 것들이 있다.

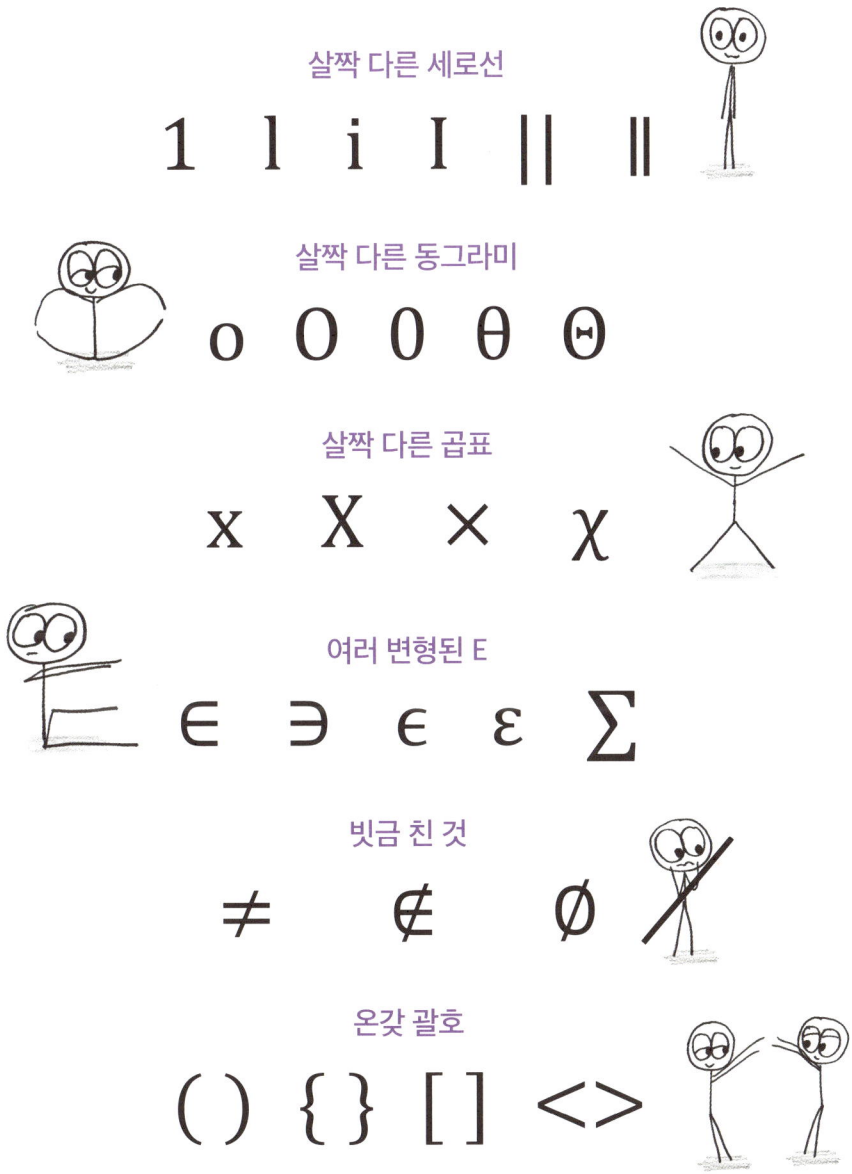

작은 점의 조합

   ∴   ...   ÷   :

엉성한 등호

≅   ≈   ≡   :=

멋진 모자를 쓴 글자

ÿ   ŷ   ỹ   ȳ   y

당신이 바라는 의미가 아닌 낱말들

log   tan   sec   sin

분명히 잘못된 방향을 보고 있는 것들

∀   ∞   ∃   ⊥

영화 〈듄〉에 나오는 로고

 U

'곱하기'라고 말하는 너무 많은 방법

a×b   a·b   a∗b   ab

믿음이 안 가는 것들

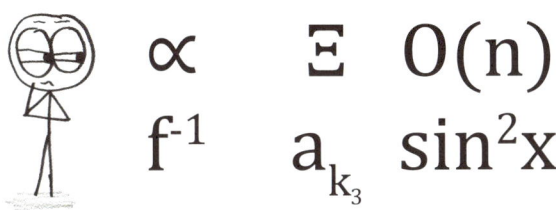

수학 알파벳이 어떻게 작동하는지 맛보기 위해 앞에서 본 작은 기호 뭉치를 풀어헤쳐보자.

$$\sum_{k=1}^{50} \frac{1}{k^2}$$

위풍당당한 Σ(그리스어 글자 '시그마'의 대문자)는 '합'을 나타낸다. 구체적으로 말하자면, 오른쪽에 있는 것(여기서는 $\frac{1}{k^2}$)의 값을 하나의 합계로 더한다. k 값은 시그마 아래에 있는 수(여기서는 $k=1$)에서 시작해 한 번에 한 단계씩 올라가다(2, 3, 4) 시그마 위에 있는 수(여기서는 50)가 되면 멈춘다.

다음은 이 계산을 평범한 합으로 풀어쓴 것이다.

$$\frac{1}{1^2} + \frac{1}{2^2} + \frac{1}{3^2} + \frac{1}{4^2} + \frac{1}{5^2} + \frac{1}{6^2} + \frac{1}{7^2} + \frac{1}{8^2} + \frac{1}{9^2} + \frac{1}{10^2} +$$

$$\frac{1}{11^2} + \frac{1}{12^2} + \frac{1}{13^2} + \frac{1}{14^2} + \frac{1}{15^2} + \frac{1}{16^2} + \frac{1}{17^2} + \frac{1}{18^2} + \frac{1}{19^2} + \frac{1}{20^2} +$$

$$\frac{1}{21^2} + \frac{1}{22^2} + \frac{1}{23^2} + \frac{1}{24^2} + \frac{1}{25^2} + \frac{1}{26^2} + \frac{1}{27^2} + \frac{1}{28^2} + \frac{1}{29^2} + \frac{1}{30^2} +$$

$$\frac{1}{31^2} + \frac{1}{32^2} + \frac{1}{33^2} + \frac{1}{34^2} + \frac{1}{35^2} + \frac{1}{36^2} + \frac{1}{37^2} + \frac{1}{38^2} + \frac{1}{39^2} + \frac{1}{40^2} +$$

$$\frac{1}{41^2} + \frac{1}{42^2} + \frac{1}{43^2} + \frac{1}{44^2} + \frac{1}{45^2} + \frac{1}{46^2} + \frac{1}{47^2} + \frac{1}{48^2} + \frac{1}{49^2} + \frac{1}{50^2}$$

전부 더하면 약 1.625다. 반올림이 맘에 들지 않으면, 정확한 해는 아래와 같다.

$$\frac{3,121,579,929,551,692,678,469,635,660,835,626,209,661,709}{1,920,815,367,859,463,099,600,511,526,151,929,560,192,000}$$

어마어마하지 않나?

다음 장에서 살펴보겠지만 변수 k는 간결함의 금자탑이다. 4나 7 같은 수는 하나의 정해진 의미가 있는 반면에, 미꾸라지 같은 수 k는 그렇지 않다. 앞의 예에서는 단번에 50개의 의미(1, 2, 3 등등)를 가진다. 놀라운 압축률이다.

그런가 하면 Σ는 다른 종류의 압축을 할 수 있다. k가 50개의 단순한 개념을 표현하는 반면에, Σ는 하나의 복잡한 개념을 표현한다. 그것은 이 항들을 하나의 합으로 더하라. 이런 간결함은 수학에서 흔하다. $SL_n(k)$나 $O(n^3)$ 같은 멋진 기호 몇 개로, 학부 과정에서 몇 년이 걸려야 이해할 수 있는 복잡한 개념을 담아낼 수 있다. 마치 악음 하나로 베토벤 교향곡 9번을 고스란히 표현하거나, 글자 하나로 제인 오스틴의 『이성과 감성』 전체를 표현하는 격이다.

어쨌든 기호 Σ와 k가 뭉치면 특별한 결과를 내놓는다. 50개의 분수를 단 9개의 기호로 나타내는 것이다. 이것은 일종의 수학적 광대 차[*]로, '광대 수십 명'이라는 글자들이 차지하는 것보다 별로 크지 않은 공간에 광

---

[*] 서커스에 등장하는 차량으로, 작은 차 안에서 엄청나게 많은 사람이 나온다.

대 수십 명을 욱여넣을 수 있다. 더욱 놀라운 사실은 시그마 위에 있는 수를 바꾸기만 하면 5만 명이나 500억 명을 집어넣는 일도 식은 죽 먹기라는 것이다.

동료 교사 하나가 자기 학생들이 수학 교과서를 읽지 않는다고 불만을 터뜨리며 내게 이유를 물었다. 그녀의 원래 전공은 생물학이었는데, 이 과목에서는 아무리 두껍고 어려울지언정 교과서가 학습에 반드시 필요하다. 이제 대수를 가르치게 된 그녀는 학생들이 책에서 아무것도, 도무지 아무것도 얻지 못하는 현실에 인내심을 잃어가고 있었다. 그녀가 내게 물었다. "왜 걔들은 숟가락으로 떠먹여줘야 해?"

나 자신도 수학을 읽는 데 젬병임을 털어놓을 수밖에 없었다. 나는 심리학과 수학을 복수 전공했는데, 10페이지짜리 심리학 논문은 20~30분 안에 읽을 수 있었지만 10페이지짜리 수학 논문은 읽는 데 며칠이 걸렸다. 경우에 따라서는 수십 년이 걸리기도 했다.

사실 수학 논문을 읽기 힘든 건 머리가 나빠서가 아니라 기호가 너무 많아서다.

영어를 배울 때는 ABC를 맨 먼저 익힌다. 하지만 수학에서는 그럴 수 없다. 학습 과정에서 ABC를 배워가야 한다. 이 때문에 수학 언어는 지독히 느리며 유난히 아름답다. 작고 대수롭지 않은 k나 Σ는 자세히 들여다보면 귀한 보물이다. 어마어마한 가치가 작디작은 공간에 압축되어 있다.

이것은 수학자들이 가장 좋아하는 기호를 선뜻 꼽지 못하는 또 다른 이유다. 기호 하나하나가 의미로 가득하기에 무엇 하나 손에 꼽지 않을 수 없기 때문이다.

변수

음, 어디 보자. 당신이 수학에 흥미를 잃은 순간은 '알파벳 문자들이 등장했을 때' 아닌가?

당신만 그런 게 아닐지도 모른다. 그런 사람 중에, 이를테면 퓰리처상을 받은 《콴타 매거진》 기자 내털리 월초버 같은 이도 있을지 모른다. (혹시 그렇다면 기사 잘 보고 있어요, 내털리!) 하지만 퓰리처상을 받았건 안 받았건, "수까지는 괜찮았지만 글자는 감당할 수 없었어"라는 유서 깊은 탄식을 하는 사람을 많이 보았을 것이다. 나 자신도 이 주제에 대해 하도 이야기를 많이 들어서 일일이 헤아릴 수 없을 정도다. 혹 글자를 써서 헤아려도 된다면 n번 들었다고 할 수 있겠다.

아니, 그런데 n은 대체 무엇이란 말인가? 말이 나왔으니 말인데 x, y, m, q는 또 어떤가? θ(세타)와 ε(엡실론)과 μ(뮤) 같은 그리스어 사촌들은 대체 정체가 뭐지?

이것들은 한마디로 **변수**다.

이것들이 하는 일은 한마디로 하나의 값에서 다른 값으로 **변하는** 것이다.

나의 조언은 이것이다. **변수를 수학적 대명사로 생각하라.**

영어 대명사는 무엇이든 나타낼 수 있지만, 지금 내가 말하는 것은 사람을 대신하는 대명사라는 특수한 용법이다. 이를테면, 당신은 "벤은 말썽꾸러기야"라고 말하지 않고 "그는 말썽꾸러기야"라고 말할 수 있다. 대명사 '그'는 고유명사 '벤' 대신 쓰인다. '그', '그녀', '그들' 같은 대명사를 쓰면 이름을 입에 올리지 않고도 말썽꾸러기를 가리킬 수 있다. 심지어 이름을 몰라도 무방하다.

수학에서도 마찬가지여서 변수를 쓰면 이름이 없거나 모르는 수를 가리킬 수 있다. 3 + x는 "이 다른 수보다 3 더 큰 수"를 간단히 표현한 것이다. "그녀보다 셋 더 많은 사람들"이라고 말하는 것과 같다.

변수는 대명사와 마찬가지로 특정 대상을 가리키기도 한다. 내가 당신에게 방금 노래하는 인어가 지나가지 않았느냐고 물으면 당신은 이렇게 대답할 수 있다. "네, 그녀는 저쪽으로 헤엄쳐 갔어요." 이 그녀는 특정한 누군가다. 당신이 이름을 모를 뿐이다(에리얼*일 가능성이 다분하지만). 마찬가지로 3 + x = 5라고 말할 때 x는 우리가 아직 이름을 거명하지 않은 특정한 수를 가리킨다(당신은 몇인지 직감했겠지만).

게다가 변수는 더 큰 능력도 있다. 바로 일반화다. 변수 하나로 한 번에 여러 개의 수를 가리킬 수 있다.

영어에서는 일반화하고 싶을 때 주로 복수형을 쓴다. "소들은 풀을 먹

• 디즈니 만화영화 〈인어공주〉의 주인공

는다", "나라들에는 현명한 지도자가 필요하다", "후속 음반들은 데뷔 앨범만큼 좋은 경우가 드물다"와 같이 말이다. 하지만 수학에는 복수형이 없다. 그래서 단수형을 쓸 수밖에 없다. "소가 풀을 먹는다", "나라에는 현명한 지도자가 필요하다", "후속 음반은 전작만큼 좋은 경우가 드물다" 등등.

단수 대명사도 비슷한 역할을 할 수 있다. 이를테면, 내가 아는 아기들이 위험한 행동을 못 하게 하려고 특정 금지 사항 목록을 적는다고 해보자. '케이시는 결코 가위를 들고 뛰면 안 된다. 론자는 결코 가위를 들고 뛰면 안 된다. 레이한은 결코 가위를 들고 뛰면 안 된다······.' 이것보다는 규칙을 일괄적으로 적용하는 게 더 쉽고 포괄적이다. **누구든 결코 가위를 들고 뛰면 안 된다.** '누구'라는 대명사는 총칭적 자리 표시자로, 케이시, 론자, 레이한, 레이철, 해넌을 비롯하여 모든 귀여운 아기를 한꺼번에 나타낸다.

수학 규칙에서도 마찬가지다. "한 개의 피자는 세 명이 먹을 수 있다", "두 개의 피자는 여섯 명이 먹을 수 있다", "세 개의 피자는 아홉 명이 먹을 수 있다", "10억 개의 피자는 30억 명이 먹을 수 있다." 이런 식으로 계속 말할 수 있다. 하지만 아무리 말해도 끝이 나지 않는다. 그보다는 이렇게 말하는 게 더 쉽다. "임의의 개수의 피자는 그 수에 해당하는 인원의 세 배가 먹을 수 있다." 더 나은 방법은 이것이다. "p개의 피자는 $3p$명이 먹을 수 있다."

이 변수 p는 간결함의 신기원으로, 무한한 진술 목록을 단 하나로 압축한다.

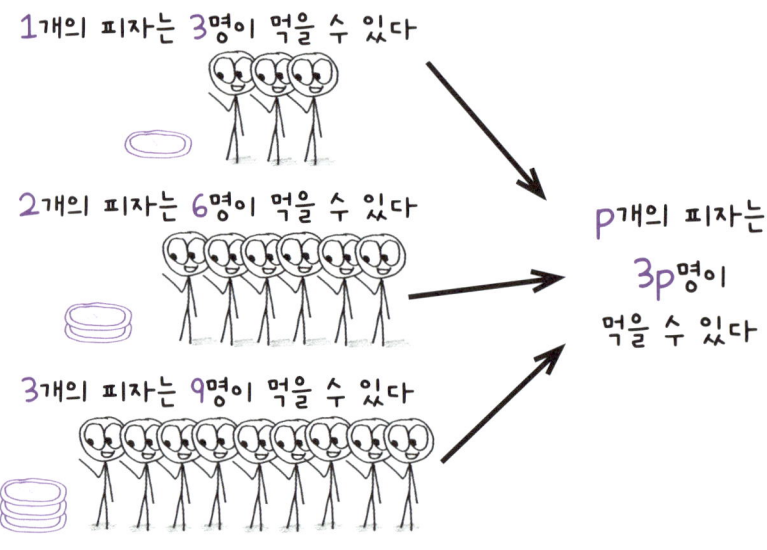

　영어 대명사에는 주의할 점이 있다. 선행사를 분명히 밝히지 않으면 안 된다는 것이다. 이를테면, "그는 그에게 그의 비밀번호를 알려주었다"라는 문장에서 비밀번호는 누구 것일까? 비밀번호를 말하는 사람과 듣는 사람 둘 다 같은 대명사('그')로 지칭되기 때문에 '그의 비밀번호'는 어느 쪽의 비밀번호도 다 가리킬 수 있다. 이 경우는 선행사(대명사가 가리키는 사람)가 모호하다.

　수학에서도 같은 혼란이 일어나는 상황을 상상해볼 수 있다. "한 수는 다른 수 더하기 그것의 제곱과 같다." 제곱은 첫 번째 수의 것일까, 두 번째 수의 것일까? 우리는 이런 문제를 피하기 위해 각각의 수에 고유한 변수를 배정한다. 수학 언어는 사람마다 별도의 대명사를 가질 수 있을 만큼 유연한 언어다. '한 수'는 x가 되고 '다른 수'는 y가 된다. 전체 등식은 제곱이 어느 수의 것이냐에 따라 $x = y + x^2$일 수도 있고 $x = y + y^2$일 수도 있다.

이렇듯 대명사가 다양하기 때문에 임의의 수에 대해 어느 대명사를 고를지 고민스러울 수 있다. 답은 영어에서와 달리 말하는 사람 맘이다. 원하는 대명사는 무엇이든 수에 부여할 수 있다.

이를테면, 나는 앞에서 p개의 피자를 $3p$명이 먹을 수 있다고 말했다. 왜 p였을까? 심오한 이유는 전혀 없다. 그저 '피자pizza'의 첫 글자가 p이기 때문이다. 이 글자는 자리 표시자에 불과하며 어떤 의미도 담고 있지 않다. x개의 피자는 $3x$명이 먹을 수 있다거나, $β$개의 피자는 $3β$명이 먹을 수 있다거나, 🔥개의 피자는 3🔥명이 먹을 수 있다고 말해도 똑같다. 모든 문장에는 똑같은 생각이 담겨 있다.

전에 중학생들을 가르친 적이 있는데, 이 아이들은 지독한 악필이었다. 자기가 쓴 글자도 알아보지 못했다. b를 6으로, g를 9로, t를 +로 착각했다. 몇 명은 자포자기하여 모든 변수를 자기가 알아볼 수 있는 유일한 기호인 x와 y로만 썼다. 이것은 유효할지는 몰라도 반사회적인 방법이다. 마치 누군가 "앨리스와 밥이라는 두 허구의 인물에 대한 이야기를 들려줄게"라고 말했는데, 당신이 "아니, 나는 코치틀과 유수프라고 부를래"라고 대꾸하는 격이다. 당신이 무슨 말을 하려는지는 알겠지만, 의사소통이 원활하지는 않을 것이다.

변수 신생아 작명서

전형적 아기 x / 의존적 아기 y / 평균적 아기 $μ$ / 복잡한 아기 z

변수는 소통 수단이다. 그렇기에 수학자들은 변수 이름을 선택하는 공통의 습관을 발전시켰다. 이렇게 공유된 관습은 공유된 지식을 축적하는 데 도움이 된다.

아무도 당신의 팔을 비틀며 관습을 따르라고 강요하지 않는다. 원한다면 큰 수를 ϵ으로, 작은 수를 N으로 명명해도 괜찮다. 하지만 그건 가구회사에 '질리언'이라는 이름을 붙이고 자기 아이에게 '퍼니처 솔루션스 주식회사'라는 이름을 붙이는 격이다. 법적으로 문제 될 건 전혀 없지만 다들 무척 헷갈릴 것이다.

사람들이 글자에 불안감을 느끼는 건 이해가 간다. 하지만 변수 없는 수학은 대명사 없는 언어와 같다. 그러면 이런 상황이 벌어진다. 나는 이 책을 내털리 월초버에게 바칠 수도 있고, 내 학생이던 스저우와 키사와 로케시에게 바칠 수도 있고, 싱어송라이터 조시 리터 또는 다른 수많은 사람에게 바칠 수도 있지만…… **당신**에게 바친다고는 결코 말하지 못한다. (물론 당신이 조시 리터라면 모르겠지만. 그렇다면 이봐요, 조시, 난 당신 음악을 사랑해요!)

나는 학생일 적에 어니스트 헤밍웨이의 작품을 이해할 수 없었다. 짧은 문장, 욕설과 비어, 툭툭 튀어나오는 스페인어까지 모두 어리둥절했다(내가 스페인어를 할 줄 아는데도 말이다). 친구 마이크에게 이 고충을 털어놓자 그가 고개를 끄덕이며 말했다. "누군가 내게 해준 말이 있는데, 헤밍웨이를 읽기 전에 세 가지를 해봐야 한대. 인사불성으로 취하기, 주먹다짐, 사랑에 빠지기."

문장이 100퍼센트 확실하진 않지만 마이크의 취지는 대략 저랬다. 문학 작품을 읽으려면 경험이 필요하다. 삶에 대해 성찰하려면 살아봐야 한다.

그렇다면 $4n + 2$를 읽을 수 있으려면 어떤 경험이 필요하고 어떤 삶을 살아봐야 할까?

'식'을 뜻하는 영어 'expression'에는 친숙한 상투어라는 의미도 있다. '쥐구멍에도 볕 들 날 있다'나 '딸 때가 있으면 잃을 때도 있다' 같은 것 말이다. 두 속담은 온전한 문장이지만 'expression' 중에는 문법적으로 명사 역할을 하는 구도 있다. 이를테면, '뜨거운 감자', '꿔다놓은 보릿자루', '될 성부른 떡잎' 등이 있겠다. 후자에서 대수식algebraic expression을 이해하는 실마리를 얻을 수 있다.

수학식은 한 수를 다른 수의 관점에서 나타낸다. 마치 '누군가의 애청 가수'나 '누군가와 소원해진 지압사'라고 말하는 식이다. 이를테면, $x + 3$은 다른 수보다 세 칸 큰 수다. 마찬가지로 $5x$는 다른 수보다 다섯 배 큰 수다. 헤밍웨이 작품과 마찬가지로, 이 짧은 식은 발음하기는 쉬워도 이해하기는 힘들다. 그냥 읽는 것과 **제대로** 읽는 건 별개 문제다.

내가 대수학을 처음 가르친 학생들은 영국 웨스트미들랜즈의 열한 살배기들이었다. 우리의 첫 번째 과제는 아래와 같은 수열을 탐구하는 것이었다.

수업 목표는 수열의 어떤 항(이를테면 7번째, 7000번째, 심지어 700만 번째)이든 계산하는 방법을 찾아내고, 그것을 간결한 식으로 간추리는 것이었다.

이런 식을 만드는 것은 과정을 물체로, 즉 **어떻게**를 **무엇**으로 굳히는 일이 었다.

"나 이거 하는 법 알아요!"

나는 길고 고된 수업을 각오했다. 하지만 놀랍게도 학생 몇 명이 이렇게 외치더니 대번에 다음과 같이 썼다.

어떻게 이 식에 도달했을까? 한 학생이 숨 가쁘게 설명했다. "두 번째 수에서 첫 번째 수를 빼요. 그걸 n 왼쪽에 써요. 그런 다음 그걸 첫 번째 수에서 빼고 그 결과를 더하면 돼요." 나머지 학생들이 고개를 격하게 끄덕였다.

"하지만 잠깐. 이 촘촘한 대수의 매듭은 원래 수열과 정확히 어떤 관계였지? n의 의미는 대체 뭐야?" 이렇게 물었더니 학생들은 꿀 먹은 벙어리였다. 학생들은 과제를 완수했다고 생각했다. 나의 질문은 "시간이 뭐지?"나 "진정으로 선한 사람이 있을까?"처럼 뜬금없게 느껴졌을 것이다.

학생들의 대수 이해는 나의 헤밍웨이 이해보다 나을 게 없어 보였다. 그래서 몇 주에 걸쳐 $4n + 2$에 도달하는 법을 설명할 방안을 짰다.

첫째, 수열을 함께 살펴보면서 항에 순서를 매겼다.

각 단계에서 무슨 일이 일어났는지 물었다. 대부분의 학생은 4를 더하는 절차가 반복된다는 걸 깨달았다.

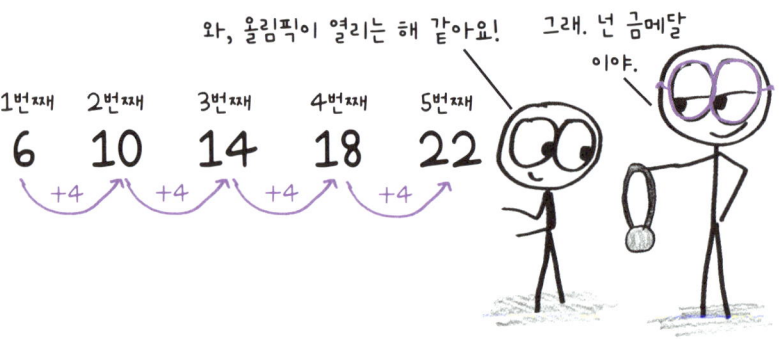

그랬더니 수열을 이렇게 고쳐 쓸 수 있었다.

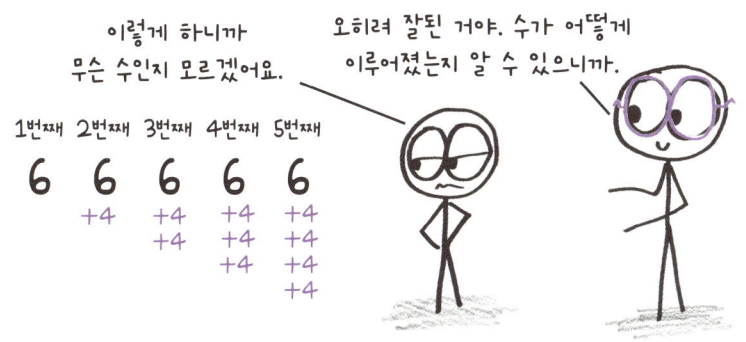

여기까진 문제가 없었다. 그런데 내가 약간 유도하듯이 물었다. "1번째 항에 4가 한 개, 2번째 항에 두 개, 3번째 항에 세 개…… 이런 식으로 된다면 더 멋지지 않을까?"

학생들은 선생님 말씀을 잘 들어야 한다고 배웠기에 고개를 끄덕였다. 그래서 6에서 4를 끄집어냈다.

이 모든 과정은 그저 뒤이어 다가올 순간들을 위한 전주곡에 지나지 않았다. 나는 리드미컬하게 읊조리며, 선율 없이 장단만 있는 수의 송가를 시작했다.

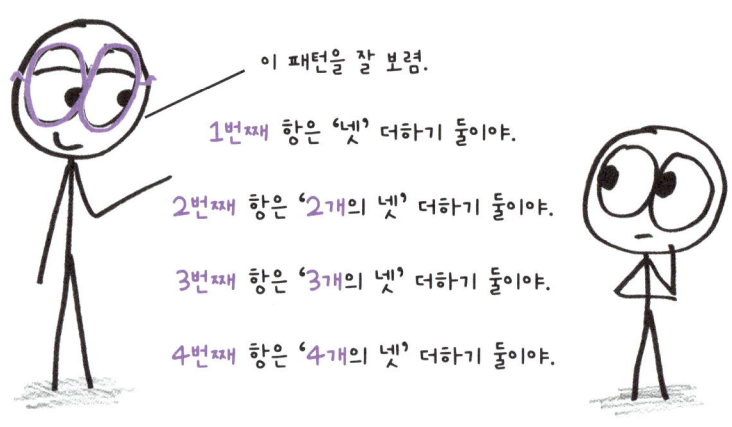

이 단계에 이르자 몇몇 학생은 스스로 그 패턴을 감지해낼 수 있었다. 하지만 학급의 대부분은 더 많은 사례가, 더 많은 인생 경험이 필요했다. 수업은 놀이가 되었다. 내가 항을 선창하면 학생들이 값을 후창하는 식이었다.

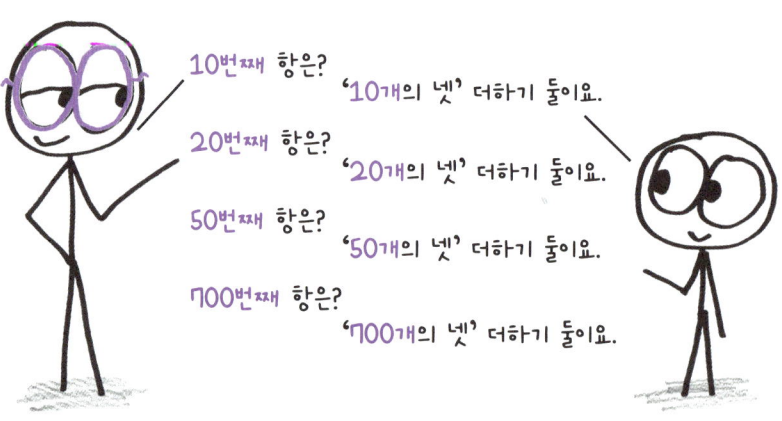

정답은 중요하지 않다(궁금하다면 42, 82, 202, 2802다). 패턴이 형체를 갖춰가고 있었다. 수열의 바깥쪽 겹들이 더께처럼 떨어져나갔다. 그 밑으로 반짝거리는 금속 알맹이가 보였다. 더 해보자…….

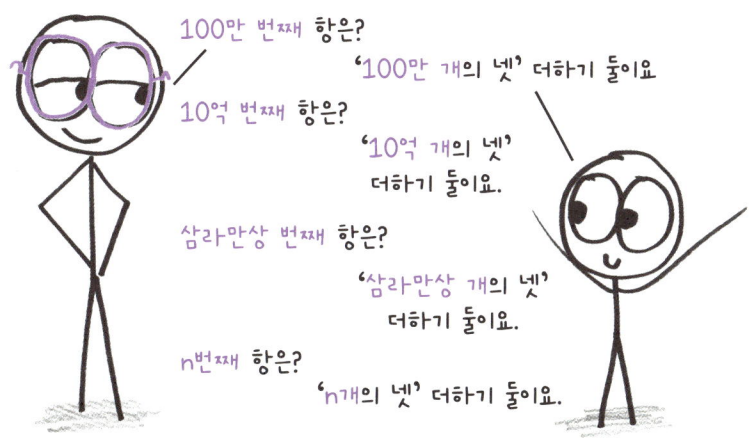

그리하여 돌과 먼지의 소용돌이 속에서 새로 탄생한 별처럼 식이 생겨났다. n번째 항 = n개의 4 더하기 2. 아니면, $4n + 2$라고 써도 좋다. 이 작은 기호 4중주단에는 7번째 항, 7000번째 항, 심지어 700만 번째 항까지 어떤 항이든 계산할 수 있는 비법이 숨겨져 있었다. 우리의 식은 끝없이 이어지는 수열의 모든 항을 모조리 알고 있었다. 이 대수의 알맹이는 무한의 이야기를 들려주었다.

이것이 대수적 도약이다. 우리는 구체적 수의 연산을 뛰어넘는다. 이제는 **총칭적 수**를 이용하여 연산을 기술한다. 캐런 올슨 말마따나 이런 수학은 "수 자체로부터 일찌감치 한발 물러나 수 전체의 역학으로, 굼뜬 명사

에서 이 명사들을 연결하는 날랜 동사로 강조점을 옮긴"다.[54]

무한히 긴 수열이 하나의 식으로 '붕괴'하여 별이 광자를 뿜어내듯 항을 뿜어낸다.

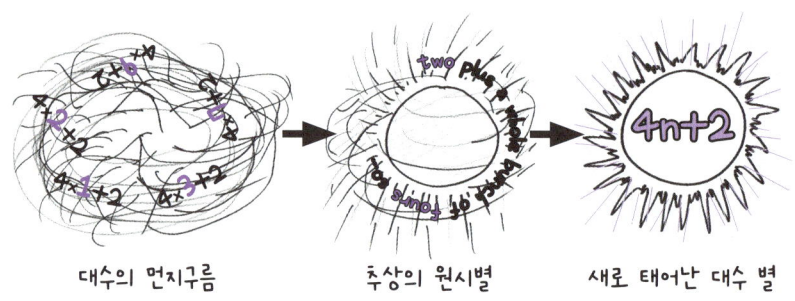

대수의 먼지구름　　　추상의 원시별　　　새로 태어난 대수 별

나는 학급 전체를 대상으로 이 과정을 진행할 엄두가 나지 않았다. 학생마다 학습 속도가 천차만별에 예측 불가였기 때문이다. 그래서 학생 한 명 한 명에게 이 단계를 거듭거듭 되풀이했다. 예를 여남은 개 들어야 할 때도 있었고, 몇십 개 들어야 할 때도 있었고, 서너 개면 충분할 때도 있었다. 수학적 깨달음이 번득이는 보편적 경험의 문턱값 같은 건 없다. 과정('4를 곱한 다음 2를 더하라')이 불현듯 명사($4n + 2$)로 결정화하는 순간은 존재하지 않는다. 우리 학습자들은 지독하게, 또한 아름답게 개별적이다. 당신은 열다섯 살에 헤밍웨이를 감명 깊게 읽었을 수 있지만, 나는 일흔다섯 살에 술에 취해 싸움을 벌일지도 모른다. 그러고 나면 마침내 『무기여 잘 있거라』를 이해할 수 있으려나.

등식

세인트폴에서 미니애폴리스까지 조깅을 하다 보면 시위대를 지나칠 때가 있다. 예순 남짓한 사람 대여섯 명이 미시시피강의 소란한 다리 위에서 장갑 낀 손으로 항의 팻말을 들고 있는데, 요구 사항이…… 뭔지 잘 모르겠다. 글씨는 알아볼 수 있지만 의미가 모호하다. 확실하게 말할 수 있는 건 그들이 전쟁에 의심의 눈초리를 보낸다는 것뿐이다.

그래도 연대의 인사를 건넨다. 나도 전쟁에 의구심을 품고 있고, 나 역시 (내용이 뚜렷이 기억나는) 한 팻말을 장식한 추상적 기호를 좋아한다.

문장에는 기본적으로 세 종류가 있다. **평서문**은 진술이고("하늘이 푸르다") **의문문**은 질문이고("하늘이 푸른가요?") **명령문**은 명령이다("하늘을 푸르게 칠하라"). 수학에 대해 말하자면, 일반적인 학생은 수학을 의문문("넓이가 얼마인가?")과 명령문("이 방정식을 풀라")의 언어로 여긴다. 좀처럼 평서문으로 생각하지 못한다.

하지만 실제로는 정반대다. 모든 등식은 평서문이다. 즉, 두 사물이 같다는 진술이다. 등호는 느낌표("계산하라!")나 물음표("이것은 무엇과 같은가?")가 아니라 현재 시제 동사다.

기호 =는 '~와 같다'를 나타낸다.

이렇듯 수학 문법은 약간 반복적이다. 방정식은 일상어로 번역하면 지루하고 장황한 글이 된다. "A는 B와 같다. 한편 C는 D와 같다. 게다가 E는 F와 같다……." 하지만 수학이라는 언어로 소통할 땐 이 반복은 나쁜 글이 아니다. 오히려 명료하고 효율적이다. 모든 문장의 형식이 같으면 우리의 정신은 놀랍도록 다채로운 내용에 초점을 맞출 수 있다.

그렇다면 그 내용이란 과연 **무엇**일까? 등식은 무슨 말을 하고 있는 것일까?

솔직히 말하자면, 일부 등식은 일부 평서문이 그렇듯 진부하다. "나는 이미 점심을 먹었다"나 "나의 형제의 이름은 프레더릭이다" 같은 문장은 수학에도 있다.

또 어떤 등식은 새빨간 거짓말이다. $x = x - 1$을 예로 들어보자. 수는 자신보다 하나 적을 수 없으므로 이 등식은 반드시 거짓이다.

그런가 하면 **조건**이 붙은 등식도 있다. 이런 등식(방정식)은 변수가 어떤 값일 때는 참이지만 다른 값일 때는 거짓이며, 마치 대수 세계에서 도는 소문처럼 분명히 존재하지만 이름을 알 수 없는 수에 대해 말한다. 등식 7 + x = 11은 일곱과 **어떤 수**를 더하면 11이 된다는 말이다. "누군가 네 사촌과 팔짱을 끼고 있는 걸 봤어"라거나 "누군가 마지막 남은 시나몬롤을 먹은 것 같아"라고 말하는 것과 비슷하다.

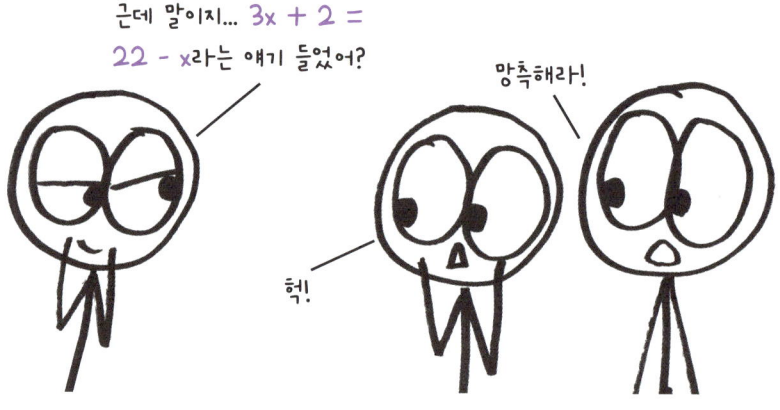

마지막으로, 어떤 등식은 모든 값에 대해 참이다. 이런 진술은 **항등식**이라고 불리며 기본적으로 진부하다. 무차별적 일반론이자 수의 클리셰다. 어떤 의미에서는 이 때문에 정보 가치가 없지만, 옛말에도 있듯 "상투어의 힘을 결코 과소평가하면 안 된다."

다양한 등식을 살펴보았으니 이만 수업을 끝내고 집에 가도 되겠다고 생각한 순간, '짜잔!' 하고 문제가 나타났다.

다음의 불완전한 등식을 생각해보라. 7 + 2 = __ + 3

빈칸을 무엇으로 채워야 할까? 이 등식을 문장으로 번역하면 "7 + 2는 __ + 3과 같다"가 된다. 식은 죽 먹기다. 좌변이 9와 같으니까 빠진 수는 6이다.

하지만 학생들은 종종 다른 답을 적는다.[55]

그림 속 문장은 9 = 12라고 말한다. 딱히 옳은 주장 같지는 않다. 다시 말하자면, 이 학생들은 문장을 주장으로 해석하는 게 아니다. 이 학생들에게 등호는 동사가 아니라 정답을 예고하는 일종의 북소리다. 수학적 '짜잔!'인 셈이다.

이것은 대수 이전 사고방식의 특징으로, 등식을 진술이 아니라 일종의 행동으로 본다. 7 + 2 =이라는 문구는 마치 우리가 수를 당신 머릿속 계산기에 입력하기라도 한 듯 저절로 9라는 답으로 이어진다.

아이들만 이런 실수를 저지르는 게 아니다. 많은 사람이 '짜잔!' 사고방식을 어른이 되어서까지 버리지 못한다. 그들은 대수를 일련의 진술이 아니라 일련의 난해한 명령으로 받아들인다. 8 − 5 = __이 빼라는 명령이라면 $2x = x^2$은 무엇을 하라는 명령일까? 숨을 몰아쉬라는? 비명을 지르라는? 인문학을 전공하라는?

현실에서 $2x = x^2$은 당신에게 어떤 것도 하라고 말하지 않는다. 이것은 방정식으로서 다음과 같은 솔깃한 소문을 전해준다. "어떤 수의 두 배는 그 수의 제곱이기도 하대." 사람으로 치면 "누군가의 치과의사가 그의 애인이기도 하다"나 "누군가의 수의사가 그의 숙적이기도 하다"쯤 될 것이다.

물론 우리가 누구에 대해 이야기하고 있는지 궁금해하는 것은 당연하다. 대수의 많은 부분은 방정식에서 정보를 끄집어내어 신비의 수를 알아내는 기법으로 이루어졌다. 이 과정은 미궁에 빠진 사건을 푸는 것과 비슷하며, 실제로도 '방정식을 푼다'고 일컬어진다.

하지만 등식 자체는 아무것도 명령하지 않는다. 그저 사실의 진술일 뿐이다.

다리 위 시위대는 이 사실을 아는 듯하다. 그들은 트윈시티* 중간에서 정의와 자유의 쌍둥이 개념이 적힌 팻말을 들고 있다. 조깅하던 사람들은

---

* 미국 미네소타주 세인트폴과 미니애폴리스를 일컫는 말

어리석게도 시위 구호를 명령으로, 행동을 촉구하는 지시로 착각한다. 하지만 다리 위 시위대는 안다. '우리는 모두 평등하다_equal_'는 그저 참인 진술일 뿐이라는 것을.

부등식

 내가 열다섯 살 때 친구가 내게 '반 더하기 칠' 규칙을 알려주었다. 내가 사귈 수 있는 가장 어린 상대의 나이는 내 나이 절반 더하기 일곱 살이라는 것이다. 나는 곧장 암산으로 각각의 나이에 대해 결과를 계산했다. 그러고는 실제 연애 경험에 오염되지 않은 무오류의 권위를 가진 나의 직관에 비추어 각각의 결과를 평가했다.

 이를테면, 스무 살은 열일곱 살과는 사귀어도 되지만 열여섯 살과는 안 된다. 대충 맞는 것 같았다.

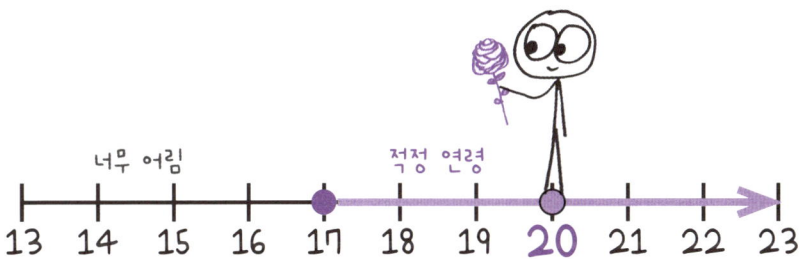

 그런가 하면 스물여섯 살은 스무 살과는 사귀어도 되지만 열아홉 살과는 안 된다. 꽤 공정하다.

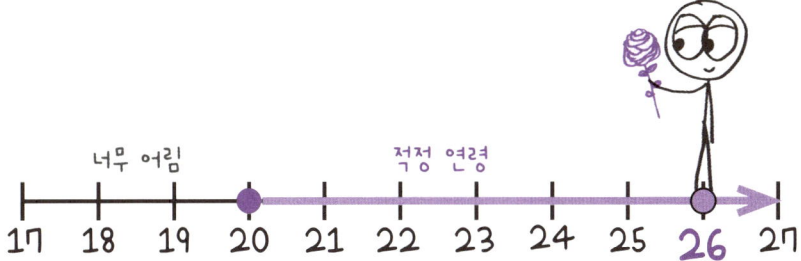

마흔 살은 스물일곱 살과는 사귀어도 되지만 스물여섯 살과는 안 된다. 나도 이의 없다.

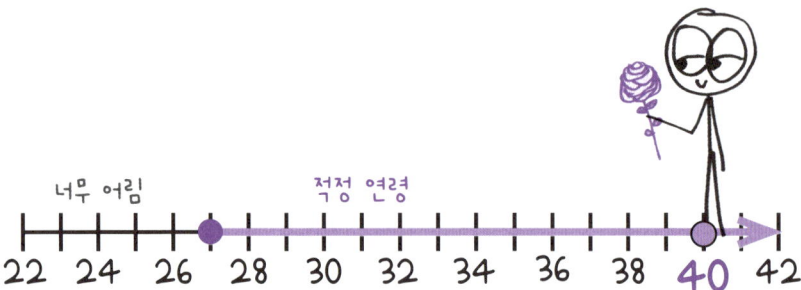

마지막으로, 당신이 열네 살보다 어리면 사귈 수 있는 사람은…… 아무도 없다. 이 규칙에 따르려면 상대방이 당신보다 나이가 많아야 하는데, 그런 상대에게는 당신이 너무 어릴 것이다. '반 더하기 칠' 규칙이 내 맘에 든 것은 이런 까닭인지도 모르겠다. 그 논리에 따르면 열네 살 전에는 연애를 시작할 수 없다. 나는 연애 늦깎이가 아니었다. 규칙을 따르고 있었을 뿐.

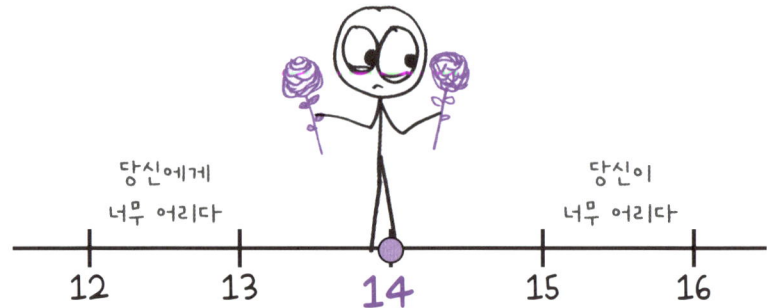

'반 더하기 칠' 규칙은 **부등식**이다. 등식은 둘이 같다고 선언하는 반면에, 부등식은 하나가 다른 하나보다 크다고(또는 작다고) 선언한다. '초과(크다)', '미만(작다)', '이상(크거나 같다)', '이하(작거나 같다)'라고 말할 때마다 우리는 부등식으로 이야기하고 있는 것이다. 부등식은 통계와 공학 등의 분야에서 널리 쓰이며 제약, 한계, 허용 오차의 언어다.

등식은 동사가 하나이지만 부등식은 네 개다. 첫째, $x > 4$는 x가 4보다 크다는 뜻이다. 아주 조금만 커도 괜찮지만(심지어 4.0001도 된다) 정확히 4면 안 된다.

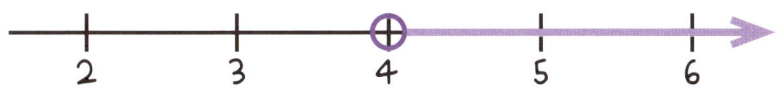

둘째, $x \geq 4$는 x가 4 이상이라는 뜻이다. 정확히 4여도 괜찮다. 아래 가로줄 '—'을 '='의 아래쪽 절반이라고 생각하면 된다. 이것은 "크거나 같다"라고 읽는다.

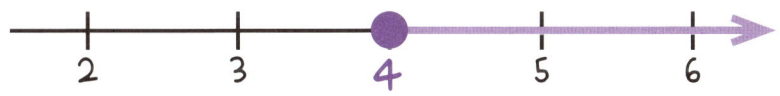

셋째, $x < 4$는 x가 4보다 작다는 뜻이다. 여기에는 3.9999도 포함되지만 정확히 4는 안 된다.

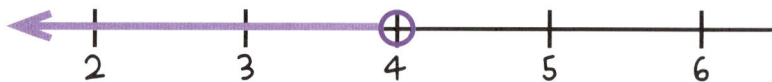

마지막으로, $x \leq 4$는 x가 4 이하라는 뜻이며 "x가 4보다 작거나 같다"라고 읽는다.

부등식은 허용되는 값이 많다는 점에서 등식보다 너그럽다. $x = 4$는 특정한 수를 가리키는 반면에, $x > 4$는 4.3부터(더 작아도 된다) 4조 3000억까지(더 커도 된다) 무한한 가능성을 허용한다. 이런 자유는 사람의 진을 빼기도 한다. 등식은 특정 식당을 고집하는 애인과 비슷한 반면에, 부등식은 미소 지으며 이렇게 말한다. "난 아무 데나 괜찮아. 당신은 어디서 먹고 싶은데?" 선택의 폭은 넓어지지만 고민도 깊어진다.

그런데 이런 유연성이야말로 우리에게 필요한 것일 때가 많다. '반 더하기 칠' **등식**은 커플의 나이 차를 정확히 규정한다. 예순 살은 오로지 서른일곱 살과만 사귈 수 있다. 이에 반해, '반 더하기 칠' **부등식**은 일정한 범위를 허용한다. 예순 살은 서른일곱 살, 마흔여섯 살, 쉰한 살 등과 사귈 수 있다.

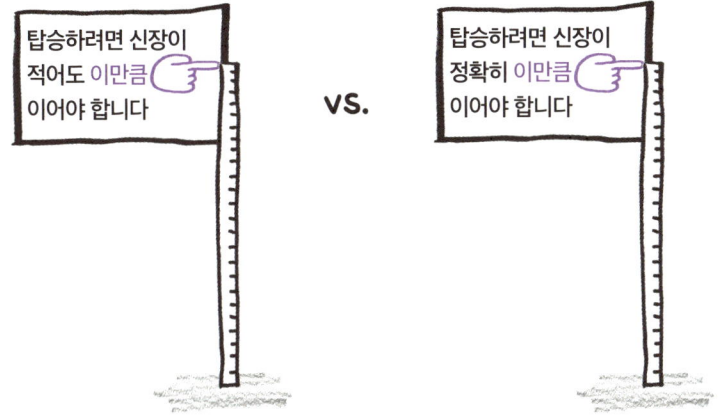

　물리학자 스티븐 호킹이 말했다. "많은 사람은 수학이 그저 방정식 equation*이라는 오해를 하고 있습니다. 사실 방정식은 수학의 지루한 일부에 지나지 않습니다."[56] 그가 말한 것은 아마도 등식 안에 갇힌 기하학 개념이었을 테지만, 한 부류의 수학자들은 이렇게 말할지도 모르겠다. "바로 그거야! 수학에서 흥미로운 부분은 부등식이라니까."

　그럼에도 대중의 눈길을 사로잡는 수학에 대한 이미지는 등식이다. '행복 부등식'이라는 제목으로 책을 쓰는 사람은 아무도 없다. '부등식 inequality**'이라는 낱말은 교량의 내구도를 계산하는 공학자가 아니라 좌파 시위대를 떠올리게 한다. 하지만 부등식 없는 수학 언어는 가망 없

---

* 'equation'은 '방정식'과 '등식'의 두 가지 의미로 쓰인다.
** 'inequality'에는 '불평등'이라는 뜻도 있다.

는 허섭스레기일 것이다. 수학자 세드리크 빌라니는 이렇게 썼다. "문제를 이해하려면 좋은 부등식만 한 것이 없다. 부등식은 한 항이 다른 항을, 한 힘이 다른 힘을, 한 존재가 다른 존재를 지배하고 있음을 표현한다."[57] 우리의 담론은 등식으로 가득하지만, 우리의 삶은 부등식으로 가득하다.

이를테면, 제한 속도는 시속 100킬로미터 이하로 달릴 수 있다는 뜻이다. 정확히 100킬로미터로 달리라는 말이 아니다.

같은 맥락에서, 우리 딸이 놀이터에서 '5분만 더'라며 조르는 것은 딱 5분만 더 놀겠다는 말이 아니다. 6~7분(또는 100분)은 되어야 만족할 것이다.

내가 즐겨 드는 예가 하나 있다. 퇴근길에 심부름을 한다면, A에서 C에 들렀다 B에 가는 길보다는 A에서 곧장 B에 가는 길이 언제나 짧다. 삼각부등식이라고 불리는 이 당연한 사실은 수학자들이 거리를 개념화하는 기본적 방법이다.

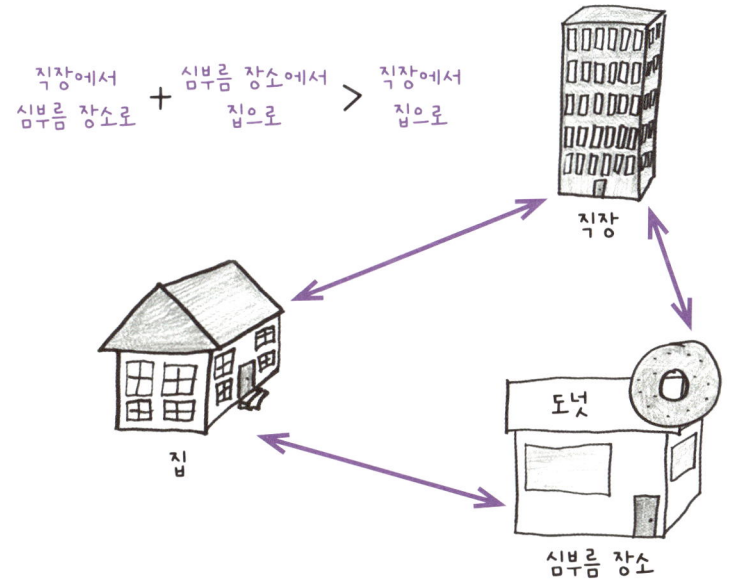

부등식은 대중의 상상력을 사로잡지 못한다. 아름다운 대칭형 얼굴을 가진 형제인 등식의 그림자에 가려 있다. 부등식을 대변하여 말할 때면, 마치 두 종류의 수학적 문장이 경쟁하는 것처럼 느껴질 때가 있다. 하지만 물론 그건 어리석은 생각이다. 등식과 부등식은 협력한다. 등식은 곧잘 부등식으로 풀리고 부등식은 곧잘 등식으로 풀린다. 이것은 '반 더하기 칠' 규칙을 몸소 체험하고서 얻은 교훈이다. 아내 테린과 나는 나이가 같다. 차이가 일주일도 안 난다. 대수로 표현하면, 부등식 $y > \frac{x}{2} + 7$이 등식 $y = x$에 의해 만족된다고 말할 수 있겠다.

적어도 $x > 14$라면 말이다.

그래프

학생이 수학 문제로 끙끙거리면 우리 수학 교사들은 곧잘 똑같은 조언을 건넨다. "그림으로 그려보렴." 이 조언에는 딱 하나 문제가 있으니, 그것은 어떤 그림을 그려야 할지 막막할 때가 있다는 것이다. 나의 친구 마이클 퍼션은 $\frac{1}{4} + \frac{2}{3}$를 계산하는 초등학생에게 이 조언을 건넨 적이 있다. 그는 아이가 도형 한 쌍을 그려 여러 조각으로 나눌 줄 알았다. 하지만 한 바퀴 돌고 5분 뒤에 돌아와보니, 아이는 원을 4등분하고 있지 않았다. 실감 나는 빵집 그림에 간판과 음영을 덧붙이고 있었다.[58] 그림은 그림이었다.

이런 혼동은 어린아이만 하는 게 아니다. 성인 교재를 집필하는 사람들도 쓸데없는 제트 전투기와 뜬금없는 치타를 책에 싣는다. 마치 수학의 비결이 무언가를, 아니 무엇이든 그림으로 표현하는 데 있는 것처럼 말이다. 하지만 수학에서 힘든 부분은 고양이가 어떻게 생겼는지 기억하는 것이 아니라 추상적 개념을 이해하는 것이다.

대수에서 어려운 점은 보이지 않는 것을 시각화하는 것이다.

대수는 관계에 대한 연구다. 연애 얘기가 아니라 '두 수가 어떤 관계인가'에 대한 얘기다. 화씨온도는 섭씨온도와 관계있다. 피자 지름은 피자를 먹을 수 있는 사람의 수와 관계있다. 1킬로미터 가는 데 걸리는 시간은 당신이 걷는 속도와 관계있다.

이 관계를 완벽히 일반적이고 정확하게 나타내고자 할 때 **방정식**을 쓴다. 방정식은 어마어마한 양의 정보를 암호화하지만, 때로 해독하기 힘든 경우도 있다.

그런가 하면 명확하고 구체적인 사례 몇 가지를 들어 관계를 나타내고자 할 때는 표를 쓴다. 표는 방정식보다 이해하기 쉽지만 완벽하지 않다. 마치 몇 시간짜리 동영상을 요약하고 뽑아낸 섬네일 이미지 몇 개와 비슷하다.

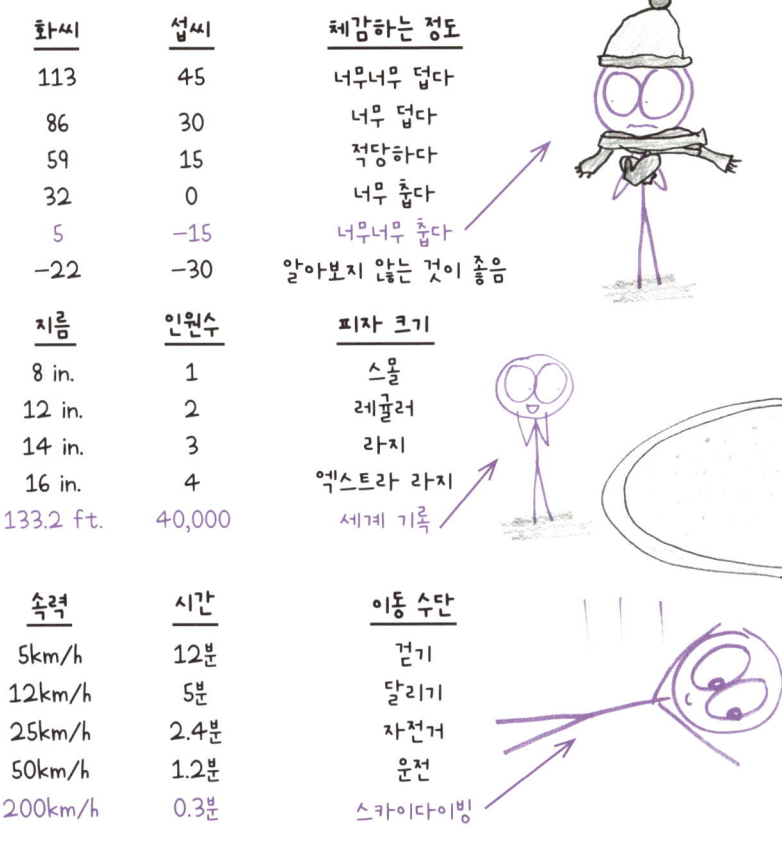

화씨	섭씨	체감하는 정도
113	45	너무너무 덥다
86	30	너무 덥다
59	15	적당하다
32	0	너무 춥다
5	−15	너무너무 춥다
−22	−30	알아보지 않는 것이 좋음

지름	인원수	피자 크기
8 in.	1	스몰
12 in.	2	레귤러
14 in.	3	라지
16 in.	4	엑스트라 라지
133.2 ft.	40,000	세계 기록

속력	시간	이동 수단
5km/h	12분	걷기
12km/h	5분	달리기
25km/h	2.4분	자전거
50km/h	1.2분	운전
200km/h	0.3분	스카이다이빙

방정식은 완벽하지만 어렵고 표는 쉽지만 완벽하지 않다면, 둘의 장점만 합칠 방법은 없을까? 관계의 전모를 한눈에 보여줄 수 있는 시각 언어는 없을까?

힌트는 이 장 제목을 보라.

그래프는 위도와 경도 개념을 활용한다. 우리는 지구를 돌아다닐 때 숫자 두 개로 정확한 위치를 나타낼 수 있다. 적도에서 남북으로 떨어진 거리인 위도와 본초자오선에서 동서로 떨어진 거리인 **경도**를 이용하면 된다. 이 체계는 지리를 수로 바꿔 지구 위의 모든 점에 각각 한 쌍의 고유한 값을 부여한다.

그래프는 방식은 같지만 순서가 반대로, 모든 한 쌍의 수에 평면 위의 고유한 점을 부여한다. 즉, 수를 지리로 바꾼다. 그 과정에서 빵집을 묘사한 어떤 그림보다 요긴한 그림을 만들어낸다.

우선 x축(적도에 해당)과 y축(본초자오선에 해당)을 그린다. 두 축은 **원점**이라는 점에서 만난다.

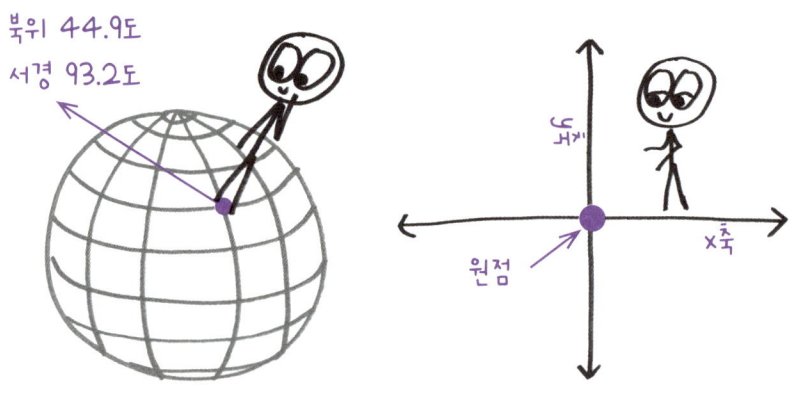

임의의 한 쌍의 수에 대해 첫 번째 수(x)는 본초자오선에서 오른쪽으로 떨어진 거리를 나타내고, 두 번째 수(y)는 적도에서 위쪽으로 떨어진 거리를 나타낸다. 음수는 방향이 반대라는 뜻이다. 즉, 본초자오선에서 왼쪽으로, 적도에서 아래쪽으로 떨어진 거리를 나타낸다.

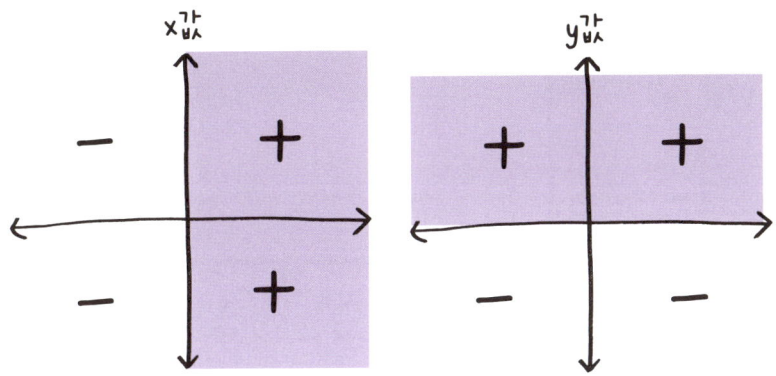

이렇게 한 쌍의 값은 그래프 위의 점이 된다. 이를테면, −12℃와 10.4℉에 해당하는 두 온도는 왼쪽으로 12칸, 위쪽으로 10.4칸 이동한 하나의 점이 된다. 이 점은 간단히 (−12, 10.4)로 쓴다.

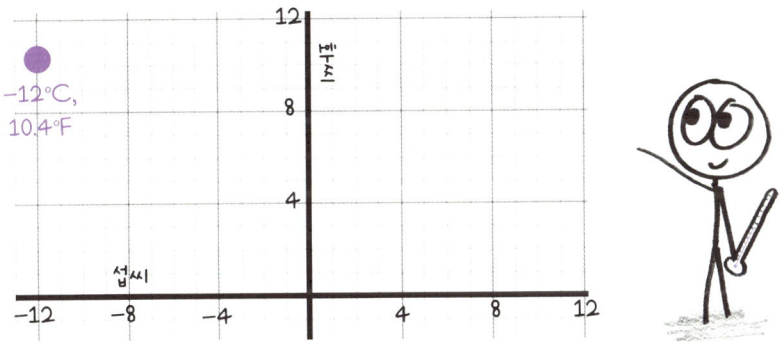

같은 관계에 속한 여러 쌍은 그래프에서 서로 연결되는 점이 된다.

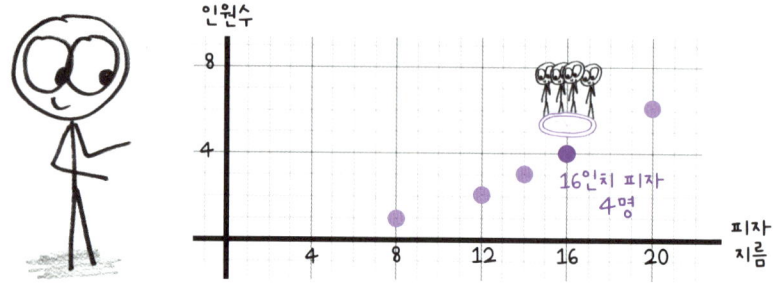

무한한 쌍으로 이루어진 전체 관계는 연속하는 직선이나 곡선을 이룬다.

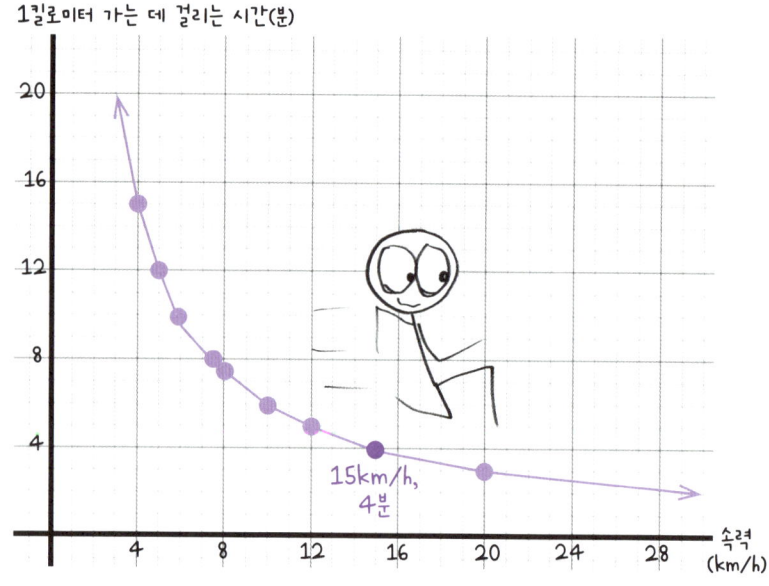

나는 고등학교에서 수학을 가르치기 시작했을 때 그래프 문제를 하루에 10개, 15개, 20개씩 숙제로 냈다. 학생들은 열악한 그래프 공장 직원처

럼 투덜거렸다.

다 내 잘못이었다. 나는 학생들에게 그래프를 들여다보거나 활용할 여유를 주지 않고 줄곧 그리게만 했다. 그런 탓에, 학생들이 그래프를 최종 결과물로 여기게 된 것이다. 하지만 그래프는 결코 최종 결과물이 아니다.

그렇다면 그래프는 대체 **무엇에 쓰는** 물건일까?

그래프는 무엇보다 관계의 범위를 나타낸다. 어떤 관계에서 0은 유의미한 값일까? 음수가 허용될까? 그래프는 이런 정보를 한눈에 알 수 있게 해준다.

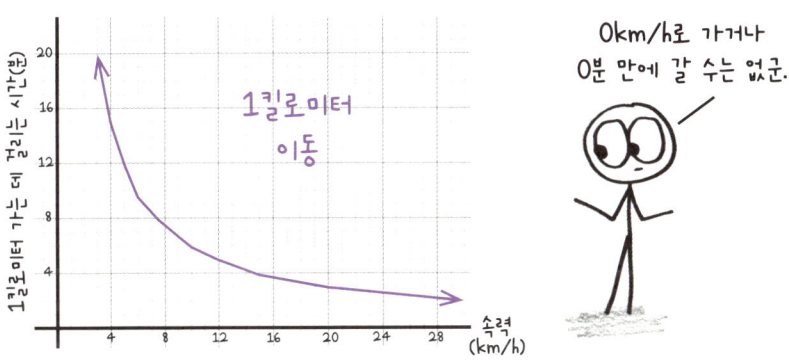

그래프는 추세도 보여준다. 한 수가 증가하면 다른 수도 그에 비례하여 증가할까? 하늘 높이 솟구칠까? 아니면, 천장이나 바닥에 조금씩 가까워질까?

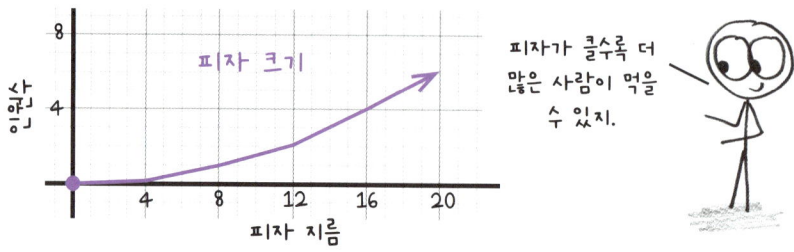

 심지어 그래프는 특별한 값을 이해하는 실마리를 제공하기도 한다. 이를테면, 두 변수가 같은 순간이 있을까? 변수 하나가 0과 같으면 무슨 일이 일어날까?

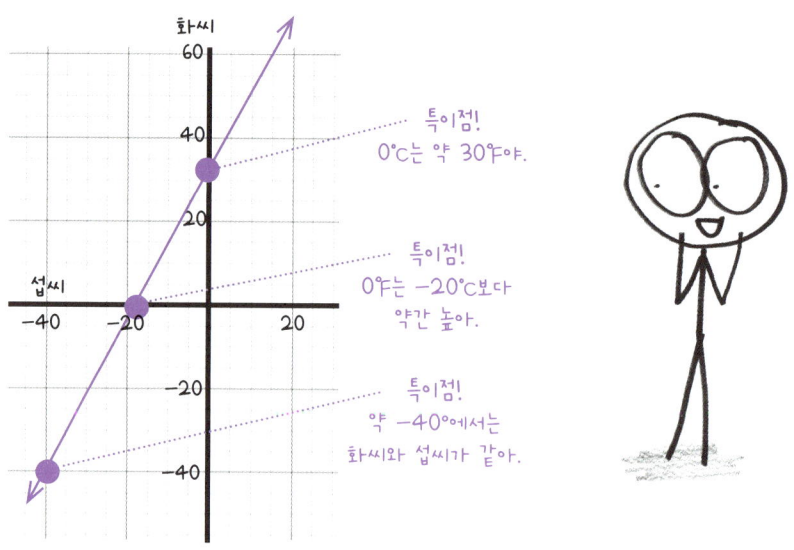

 그래프는 방정식의 완벽성과 표의 가독성을 겸비한다. 하지만 정밀하지 않다는 대가를 치러야 한다. 이를테면, $x = 7$일 때 y는 정확히 몇일까?

8.5일까, 8.6일까, 8.5714일까? 방정식이나 표는 정확한 값을 알려주지만 그래프는 딱 붙어 있는 가능성들을 구별하기에 너무 무디다. 대충 찍은 사진으로는 피사체의 키를 밀리미터 단위로 알 수 없는 것과 마찬가지다. 그런 정밀도가 필요할 때는 그래프가 별로다.

하지만 그래프는 역사상 가장 오래된 데이터 시각화 형식이다. 지리멸렬한 수의 집합을 한눈에 알아볼 수 있는 하나의 그림으로 바꾸는 방법이다. 데이터 시각화의 대부 에드워드 터프티가 말했다. "중요한 것은 정보가 얼마나 많은가가 아니라, 얼마나 효과적으로 배열되었는가다."[59] 그래프는 어마어마한 양의 정보(무한한 쌍의 값)를 엄청나게 효과적인 형태로 배열한다. 터프티는 이렇게 썼다. "그래프의 뛰어난 점은 가장 작은 공간에서 가장 적은 잉크로 가장 짧은 시간에 가장 많은 개념을 보여준다는 것이다."

수학 문제가 풀리지 않으면 그림으로 그려보라는 옛말은 정말로 참이다. 하지만 치타와 제트 전투기와 아름답게 명암을 준 빵집의 함정에 빠지지 않으려면 단서를 달아야 한다. 수학 문제가 풀리지 않으면 에드워드 터프티에게 칭찬받을 만한 그림으로 그려보라.

공식

나는 과학소설 작가 존 스칼지의 괴상한 이론을 좋아한다. 지구상에 있는 모든 딸기는 크든 작든 향미의 양이 같다는 것이다.[60] 큰 딸기는 향미가 연해서 베어 물 때마다 희미한 맛이 남는다. 작은 딸기는 향미가 진해서 베어 물 때마다 향내가 진동한다. 이것을 '딸기 공식'이라고 부르자. **향미의 강도는 딸기 부피에 반비례한다.**

이것이 엄밀하게 정확한지는 모르겠다. 하지만 크기가 사과만 하고 맛이 밍밍한 딸기가 판치는 세상에서 정확하게 **느껴지는** 것은 분명하다.

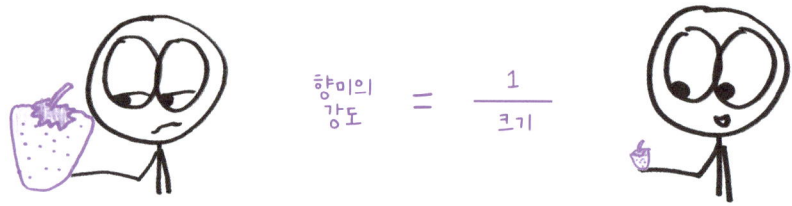

이 책의 개요를 짜고 있을 때 편집자 베키가 내게 공식에 대한 장을 넣을 계획이냐고 물었다. 나는 명확하게 알려달라고 청해야 했다. 2차 방정식 공식을 말하는 건가? 아니면, 사다리꼴 넓이 구하는 공식? 스칼지 딸기 공식?

베키가 말했다. "그냥 학교 수학은 공식으로 가득하다는 느낌이 들어서요. 암기해야 하는 공식들, 수도 없이 써먹은 공식들 말이에요."

나는 학생들이 그런 방정식에 얼마나 시달렸는지 잊고 있었다. $A^2 + B^2 = C^2$에 수를 대입하면서 지새운 밤이 며칠이던가. 고등학교 물리에서는 표준 방정식 예닐곱 개를 다루는 연습을 1년 내내 하지 않았던가. 이 모든 공식은 물의 화학 공식(H_2O)이나 코카콜라의 제조 공식(극비라 삭제함)처럼 고정되고 영구적인 것처럼 보이지 않았던가. 한마디로, 나는 수학을 배우는 느낌이 어떤 것인지를 잊고 있었다.

내가 이 모든 것을 잊은 이유는 수학자에게 '공식'이라는 개념 전체가 모호하기 때문이다. 공식은 방정식에 불과하며, 방정식은 두 개가 같다는 진술에 불과하다. $A = \pi r^2$(원의 넓이를 구하는 유명한 공식)과 $A = P^2 - 3d$(내가 방금 만든 안 유명한 공식)를 구별하는 선명한 선은 어디에도 없다. 그저 $A = \pi r^2$이 훨씬 유용할 뿐이다.

공식은 똑똑한 방정식에 지나지 않는다.

그렇다면 공식의 기준은 무엇일까? 여기에 대해서는 이견이 있다. 어떤 교과서에 실린 공식은 지나치게 세세한 조언이어서 나 같으면 뺐을 것이다. 그런 공식은 "세상의 변화를 보고 싶으면 스스로 그 변화가 되라"보다는 "랜돌프 가에서 우회전하라"에 가깝다. 그런가 하면 뻔한 상식처럼 느껴지는 공식도 있다. 그런 공식은 "웨딩 사진가에게 쩨쩨하게 굴지 말라"(내가 고깝게 여기는 조언)보다는 "웨딩 사진가에게 추파를 던지지 말라"(내게 필요하지 않은 조언)에 가깝다.

또 어떤 공식은 스칼지의 딸기 방정식만큼이나 임의적이고 허무맹랑하다. 이를테면, 나는 어릴 적에 누가 책을 '5학년 수준'이나 '6학년 수준'으로 분류하는지 늘 궁금했다. 독서 전문가가 할까? 소수의 선별된 집단이 있을까?

천만에. 출판사에서 플레시-킨케이드 학년 수준 공식에 단순히 대입한 것이었다.[61]

이 공식은 낱말과 문장이 실제로 무슨 뜻인지는 전혀 관심 밖이다. 그래서 짧은 낱말로만 이루어진 짧은 문장에는 낮은 학년 수준을 부여한다. 라틴어 어원의 다음절 낱말이 빼곡한 길고 따분한 문장에는 높은 학년 수준을 부여한다.

이 공식에 따르면, 이론상 최저 읽기 수준은 −3.4다. 이것은 문장이 한 낱말로 이루어졌고 각 낱말이 한 음절로 이루어졌을 경우다. 가장 비슷한 책으로는 닥터 수스의 『초록 달걀과 햄 Green Eggs and Ham』이 있다. 문장의 길이는 다양하지만 낱말은 거의 예외 없이 한 음절이다. 점수가 −1.3이니까 유치원 들어가기 1년 전에 읽을 수 있을 것이다.

반대쪽 극단에는 루시 엘먼의 『뉴버리포트 덕스 Ducks, Newburyport』가 있는데, 이 책은 1000페이지가 한 문장이다.[62] 추정컨대, 플레시-킨케이드 점수는 15만 점이 넘을 듯하다. 그러니 내가 아는 사람 중에는 누구도 이 책을 읽을 자격이 없다(내 친구 케이티는 예외다. 케이티는 도서 평론가로, 학사 학위를 3만 5000개 정도 받은 게 분명해 보인다).

문장	난이도
"살라. 웃으라. 사랑하라."	유아 수준
"왔노라. 보았노라. 이겼노라."	유치원 수준
"춤. 춤. 혁명."	매우 어려움
"개체발생은 계통발생을 반복한다."	중학교 생물 교사 널티 말로는, 박사 학위가 4개 있어야 이해할 수 있는 수준

플레시-킨케이드 학년 수준 공식은 요긴한 도구다. 하지만 명백히 한심한 점도 있다. "아르마딜로가 물에 빠졌다"와 "입법부가 아수라장으로

변했다"에 같은 난이도를 부여하니 말이다. 하지만 플레시나 킨케이드 탓으로 돌리진 않겠다. 어떤 방정식으로도 모든 책의 난이도를 나타낼 수는 없다. 어떤 방정식도 완벽할 수는 없기 때문이다. 유일하게 보편적인 참은 어떤 참도 보편적이지 않다는 것이다.

수학만 빼고. 보다시피 $A = \pi r^2$이라는 공식은 실제로 모든 원의 넓이를 나타낸다.

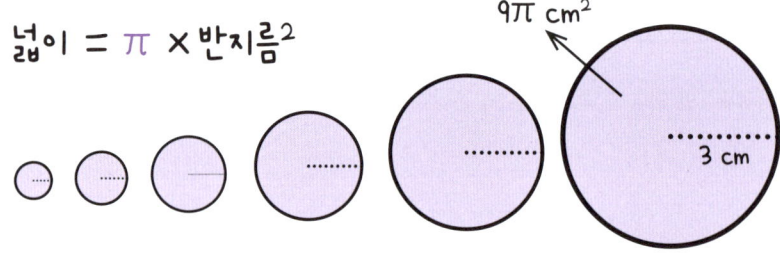

$A^2 + B^2 = C^2$이라는 공식은 실제로 모든 직각삼각형의 변 길이에 적용된다.

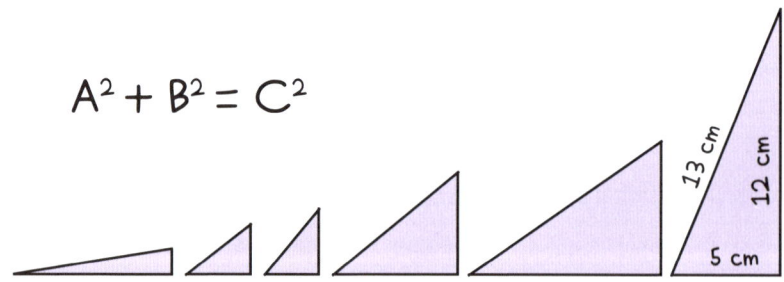

$V + F = E + 2$라는 공식은 실제로 모든 정육면체, 각기둥, 각뿔의 구성 요소를 계산해낸다.⁶³

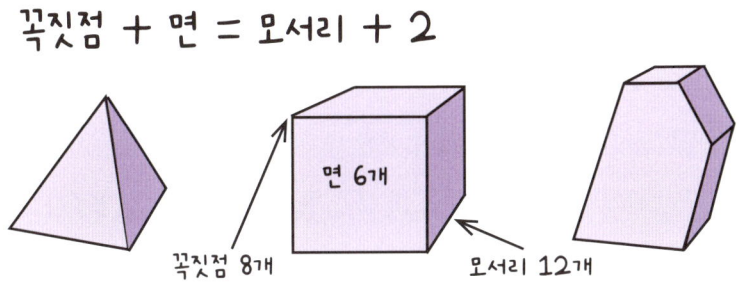

현실에서는 공식의 쓰임새에 한계가 있다. 하지만 때때로 공식은 재미있는 명언으로 불쑥 등장하기도 한다. (철학자 윌리엄 제임스는 '자존감'을 '성공 나누기 자만'으로 정의한 적이 있다.) 그런가 하면 관료제의 거칠고 투박한 도구로 쓰일 때도 있다. (플레시-킨케이드 공식은 미 해군에서 교범을 단순화하고 가독성을 높이기 위해 독서 전문가 플레시와 과학자 킨케이드에게 의뢰해서 개발되었다.) 하지만 자존감, 언어의 복잡성, 딸기의 향미를 정교하게 측정하거나 계산할 수 없다는 건 누구나 안다.

수학은 현실이 아니라는 말로 충분할 것이다. 수학은 완벽한 추상의 세계다. 수학 공식은 단순화한 어림이 아니라 실제 진리, 온전한 진리다. 학생들이 공식을 단순 반복의 대상으로 기억한다면 나는 교사로서 실패한 것이다. 공식은 한낱 도구가 아니라 수학이라는 문학의 걸작이며, 시대를 초월하는 방정식의 고전이다.

대학에 다니던 어느 가을, 나는 누구에게나 무척 어려운 수학 수업을 들었다. 교수는 모든 학생을 낙제시키고 싶지 않았기에 기말 고사를 앞두고서 지금껏 배운 것보다 훨씬 쉬운 과제를 내주었다. 과제를 제출하는 날에 같은 강의를 듣던 학생 대니얼이 뻔한 질문을 던졌다. "이 과제가 우리 수업과 무슨 관계가 있죠?" 교수는 몇 분간 매우 열성적으로 설명했다.

교수의 말이 끝나자 대니얼이 한마디로 요약했다. "그러니까 사실상…… 없네요."

교수는 미소를 지으며 어깨를 으쓱할 뿐 대니얼의 요약을 반박하지 못했다.

수학의 상당 부분은 바꿔 말하기를 근사하게 포장한 것에 불과하다. 세상이 당신에게 복잡한 식을 내놓으면, 당신의 임무는 그 정보를 다시, 또

다시 재진술하되 매번 직전보다 좀 더 짧고 명료하게 표현하는 것이다. 이 과정을 통해 수백 낱말로 이루어진 설명("우리 수업과의 연관성은 쌍곡 공간의 방향 유지 대칭에서 허용되는……")을 한 구절("사실상 없네요")로 줄일 수 있다.

이런 종류의 바꿔 말하기를 '단순화'라 한다. 나중에 보겠지만, 용어 자체에 논란의 여지가 있기는 하다. 하지만 다음의 원칙은 부정하기 힘들다. '단순함은 명료함으로 이어지며 명료함은 통찰로 이어진다.' 자연주의자 헨리 데이비드 소로는 이렇게 썼다. "우리 삶은 아무것도 아닌 일로 우왕좌왕한다. 단순화하라, 단순화하라, 단순화하라!"

이 원칙을 이해하려면 실제 문장에서 비슷한 예를 들어 생각해보는 게 좋다. 설익고 장황한 문장을 차례차례 다듬어보겠다.

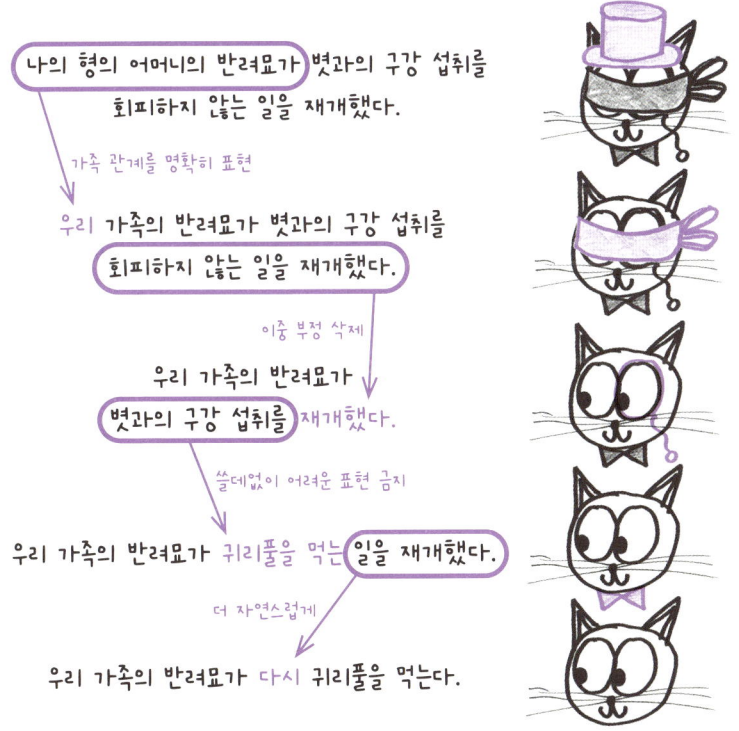

3장 문법·대수   237

문장의 내용은 조금도 바뀌지 않았다. 오히려 메시지를 인간(또는 고양잇과)의 섭취에 더 알맞은 형식으로 번역함으로써 내용을 명확히 드러냈다.

이것이 인위적인 예라는 것을 인정한다. 이런 장황하고 모호한 문장은 계약 담당 변호사의 말을 제외하면 일상에서 보기 힘들다. 하지만 수학에서는 이런 복잡한 표현이 늘 등장한다. 세상은 정보를 뒤죽박죽, 조각조각 내놓기 때문에, 유용한 정보로 탈바꿈시키려면 적절히 바꿔 말해야만 한다.

이를테면, 다음은 내가 좋아하는 삼각함수 증명의 요점이다. 꼬치꼬치 뜯어보진 말고 지리멸렬한 표현이 어떻게 마지막의 매우 간결한 형식으로 발전하는지만 살펴보라.

$(\cos(a-b)-1)^2 + (\sin(a-b)-0)^2 =$
$(\cos a - \cos b)^2 + (\sin a - \sin b)^2$

$\cos^2(a-b) - 2\cos(a-b) + 1 + \sin^2(a-b) =$
$\cos^2 a + \cos^2 b - 2\cos a \cos b + \sin^2 a + \sin^2 b - 2\sin a \sin b$

$\cos^2(a-b) + \sin^2(a-b) - 2\cos(a-b) + 1 =$
$\cos^2 a + \sin^2 a - 2\cos a \cos b - 2\sin a \sin b + \cos^2 b + \sin^2 b$

$1 - 2\cos(a-b) + 1 = 1 - 2\cos a \cos b - 2\sin a \sin b + 1$

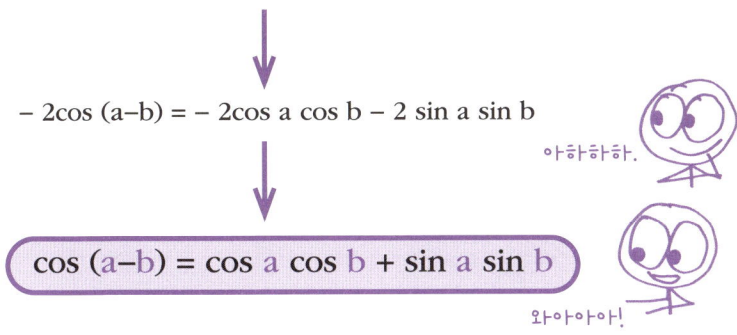

정보는 조금도 달라지지 않았다. 앞의 과정은 바꿔 말하기의 행진이다. 우리는 낱말을 동의어로 바꾸고 또 바꾸면서 더 간결한 표현을 향해 더 듬더듬 조심조심 나아갔다.

여기에서 수학 언어의 심오한 원칙을 볼 수 있다. 명료하게 하기 위해 우리는 단순화한다. 수학자 배리 메이저가 말한다. "많은 수학의 심장과 영혼은 '같은' 대상을 여러 방식으로 제시할 수 있다는 사실로 이루어졌다."[64] 증명이나 계산은 언어를 현명하고 기발하게 변화시키는 것에 불과할 때가 많다.

방정식을 '푸는' 과정을 생각해보라. 시각적으로는 포장지를 한 꺼풀 한 꺼풀 벗기는 것처럼 보인다. 하지만 개념적으로는 사실을 재진술하고 있을 뿐이다. 이를테면, 똑같은 미스터리 상자 2개에 4달러를 더하면 총 30달러가 된다고 하자.

곁다리 4달러를 떼어내면 상자 2개는 도합 26달러의 값어치가 있어야 한다.

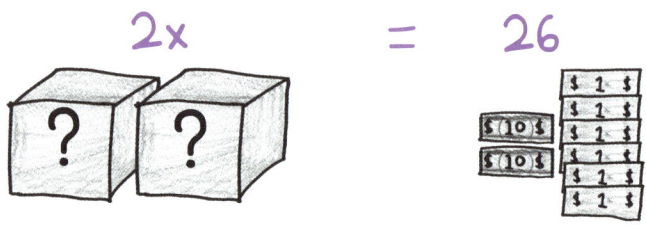

이제 똑같은 상자 2개의 값어치가 총 26달러라는 말은 각 상자의 값어치가 13달러라는 말과 같다. 방정식이 풀렸다.

애석하게도 무엇을 '더 간단하게'로 볼 것인지가 늘 뚜렷한 것은 아니다. 서로 일치하는 두 식 $3x + 6$과 $3(x + 2)$를 생각해보자. 첫 번째 식은 합으로, 세 개의 x 더하기 여섯 개의 1이다. 두 번째 식은 곱으로, 크기가 $x + 2$인 묶음이 세 개 있다. 각각의 바꿔 말하기는 유용하며 의미가 있다. 하지만 어느 쪽도 본질적으로 더 간단하지는 않다.

수학 교사 폴 록하트가 말한다. "대수의 요점은 당면 상황과 자신의 취향에 따라 여러 가지 동일한 표상을 왔다 갔다 하는 것이다. 이 점에서 모든 대수 변환은 심리적 행위다."[65]

이것은 낡은 정보를 새롭게 구성하는 것이다.

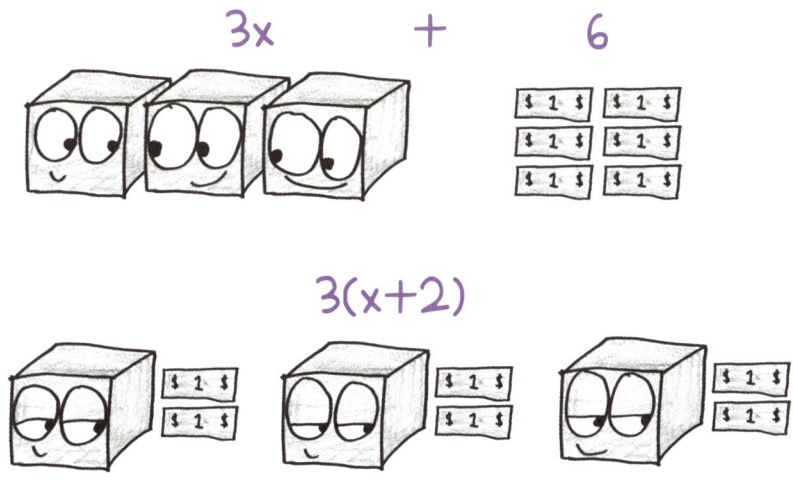

어떤 교사들은 '단순화하다'라는 낱말이 모호한 데 불만을 토로한다. 이를테면 교과서에서 $3x + 6$을 $3(x + 2)$로 단순화하라고 했다가, 몇 쪽 뒤에서 $3(x + 2)$를 다시 $3x + 6$으로 단순화하라고 하면 여간 짜증스럽지 않다. 이런 경우에 용어를 살짝 바꾸면 훨씬 적확하게 표현할 수 있다. 다시 말해, '단순화'와 '단순화' 대신 '인수분해'와 '분배' 또는 '축약'과 '전개'라는 용어를 사용하면 되는 것이다.

하지만 급진파 교사들은 한발 더 나아가 '단순화하다'라는 낱말을 아예 금지하자고 주장하는데, 내가 보기엔 지나친 처사다. 아인슈타인은 이렇게 충고했다. "모든 것을 최대한 단순하게 만들되, 결코 더 단순하게 만들지는 말라."⁶⁶ 단순함이 모호한 이상理想인 것은 맞다. 하지만 아름다움에서 진리, 그리고 샌드위치의 본질에 이르기까지 우리가 소중히 여기는 모든 것도 모호하기는 마찬가지다. '단순화하다'라는 낱말을 금지하는 것은 지나친 단순화다. 이름만 바꾼다고 해서 이면의 현실이 더 명료해지지는 않는다.

단, 수학은 예외다. 수학에서는 한 구절을 다른 구절로 바꿨을 때 정말로 깨달음을 얻을 수 있다. 수학 언어에서는, 어쩌면 **오로지** 수학 언어에서만, 지혜는 바꿔 말하는 만큼 단순해질 수 있다.

나는 추리 영화를 즐겨 보지만 사건 해결에는 젬병이다. 영화를 편집해 첫 장면에서부터 살인범에게 이름표를 달아줘도 나는 결말을 보고서 기절초풍할 것이다. 이렇게 말할지도 모르겠다. "아. 사라진 보석, 위조된 서명, 선명한 살인범 이름표까지 조각들이 전부 맞춰지고 있어. 정말 기발한 퍼즐이로군!"

아마도 나는 수학 추리에 전념해야 할 운명인가 보다. 사건 추리와 수학 추리는 몇 가지 세부적 차이는 있어도 전제는 동일하다. 우리는 무언가(주로 미지수)에 대한 묘사에서 출발한다. 그러고 나서 이 묘사를 '푸는' 것은 정확히 무엇이 묘사되고 있는지 알아내는 것이다.

예를 들어보겠다.

이 방정식의 의미는 다음과 같다. 'x로만 알려진 수가 있는데, 그것의 제곱은 그것의 세 배보다 10만큼 크다.' 이것은 질문이나 명령이 아니라 단순한 사실 진술이다. 그럼에도 우리의 호기심에 불을 지핀다. 이 신비로운 x는 과연 누구일까? 우리는 일종의 탐정이 되어 묘사에 들어맞는 용의자(수학 용어로 하자면 방정식을 만족시키는 수)를 찾는다. 유일한 단서는 이 방정식뿐이다.

이런 경우에 쓸 수 있는 방법 중 하나는 무작위 추측이다. 범죄 수사에서는 바람직한 방법이 아니지만, 수학적 탐구에서는 추측과 검증이 효과를 발휘할 때가 많다. 추측한 값을 우리가 쉽게 검증할 수 있기 때문이다.

이를테면, 1은 앞의 묘사에 들어맞을까? 1을 제곱하면 1이다. 1의 세 배는 3이다. 그렇다면 1의 제곱은 1의 세 배보다 10만큼 클까? 애걔, 턱도 없다. 1을 목록에서 지운다. 그렇다면 2는 어떨까? 이번에도 아니올시다. 2의 제곱(4)은 세 배(6)보다 작다. 3은 어떨까? 마찬가지로 안 된다. 3은 제곱과 세 배가 같다(둘 다 9다).

이렇게 계속하다 보면 우연히 해를 찾을 수도 있다. 여기서는 5다. 5의 제곱(25)은 5의 세 배(15)보다 딱 10만큼 크다. 미스터리가 풀렸다.

그런데 과연 그럴까?

수학이 애거서 크리스티 소설과 다른 점은 수학적 추리에는 해가 하나가 아닐 수도 있다는 것이다. 하나의 묘사에 오만가지 해가 있을 수도 있고, 하나도 없을 수도 있고, 아니면 17개나 5836개 등 어떤 특정 개수의 해가 있을 수도 있다.

수학의 많은 부분은 사실상 온갖 종류의 범인을 찾는 일이다. 당신은 얼마나 많은 해를 예상해야 하는지 배운다. 증거를 신중하고 조심스럽게 다루는 법을 배운다. 각 사건에 알맞은 방법을 배운다. 당신은 수 세계의 셜록 홈스로 자라난다.

다음 예제는 학교에서 배운 기법을 활용해(세세하게 파고들 필요는 없다) 증거를 더 유용한 형식으로 바꿔 말하는 법을 보여준다.

$$(x-5)(x+2) = 0$$

이 증거는 다음과 같이 표현할 수 있다. "두 수를 곱하면 0이 된다."

이것은 대수적 스모킹 건이다. 아니, 공개 자백이나 다름없다. 곱셈에서 0이 나오는 것은 언제일까? 곱하는수 중 하나가 0일 때뿐이다.

첫 번째 수($x - 5$)가 0이면 x는 5다. 이것은 이제 우리가 찾아낸 해다.

한편 두 번째 수($x + 2$)가 0이면 x는 −2다. 이것은 새로운 해다. 이전에 눈여겨보지 못한 살인자인 셈이다. 엄밀히 말해서 공범은 아니다. 그보다는 우연히 똑같은 범죄를 저지른 다른 범죄자에 가깝다.

이제 미스터리가 풀렸다.

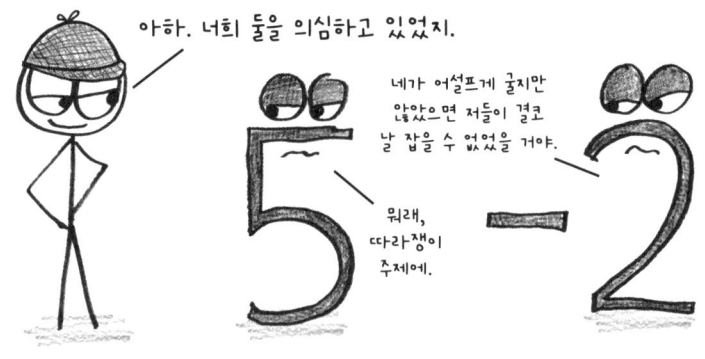

물론 모든 추리가 이렇게 흥미로운 것은 아니다. 경우에 따라서는 시답잖거나 따분한 해를 맞닥뜨릴 수도 있다. 두 번째 페이지부터 싹수가 노란 미스터리 소설처럼 말이다. 이런 해를 **자명한 해**라고 부른다. 이를테면, $x^2 + 2x = x^3$은 아주 솔깃한 추리물처럼 보인다. 풀어 쓰면 '어떤 수의 세제곱은 그 수의 제곱 더하기 그 수의 두 배와 같다'다. 하지만 흥미로운 해를 하나라도 찾아내기 전에 따분한 해가 눈에 들어온다. 바로 $x = 0$이다. 0은 세제곱, 제곱, 두 배가 모두 0이므로 이 방정식은 알고 보면 0 + 0 = 0이다. 참이지만 뻔하다.

여기서 보듯 자명한 해는 **논리적으로는** 만족스러워도 **정서적으로는** 그렇지 못하다. 방정식은 만족시켜도 당신의 호기심은 만족시키지 못한다.

하지만 자명한 해도 진짜 해가 맞다. 더 위험한 것은 **가짜** 해다. 이것은 진짜 해를 찾는 과정에서 부산물로 생겨나는 사칭범이나 모조품을 뜻한다. 이를테면, $\sqrt{x+2} + x = 0$을 풀어보자. 이 미스터리를 근의 공식으로 풀면(역시 세세하게 파고들 필요는 없다) 2와 −1이라는 두 해에 도달한다.

하지만 −1만 진짜 해다. 원래 방정식에 2를 대입하면 4 = 0이라는 엉터리 등식이 나온다. 이 가짜 해 2는 해가 아니라 원래의 방정식을 거름망으로 써서 걸러내야 하는 산업 폐기물이다. 분명히 말하지만, 우리는 어떤 잘못도 저지르지 않았다. 진짜 해(−1)를 찾는 과정에서 가짜 해(2)가 생겨나는 경우가 있을 뿐이다.

전통적 추리와 수학적 추리는 공통점이 많다. 범죄/계산에 대한 묘사에서 출발해 범인(범죄자/수)을 찾는다. 증거(지문/방정식)를 분석해 결정적 알리바이("저는 프랑스에 있었어요"/"저는 방정식을 만족시키지 않아요")가 있는 용의자를 제외한다. 추론 능력을 발휘하고 왓슨 박사의 질문을 '별것 아니'라고 일축하여 그를 당황시킨다. 무엇보다도, 마치 열쇠가 자물쇠에 딱 맞는 듯한 만족감을 주는 해결책에 도달한다.

하지만 잠깐. 늘 그렇듯 반전이 하나 있다.

수학에서 수는 혼자 행동하는 일이 드물다. 우리가 연구하는 것은 서로 관계있는 수의 그물망이다. 화학의 고전적 공식 $PV = nRT$은 여러 변수(여기서는 기체의 압력$_{Pressure}$, 부피$_{Volume}$, 온도$_{Temperature}$, 분자 개수$_{number\ of\ molecules}$)가 서로 어떤 관계인지 정확히 보여준다.

그러므로 하나의 방정식으로 한 명의 범인을 묘사하는 게 아니라, 연립 방정식으로 〈오션스 일레븐〉* 식 범죄 집단을 묘사할 수도 있다.

예를 들어보겠다.

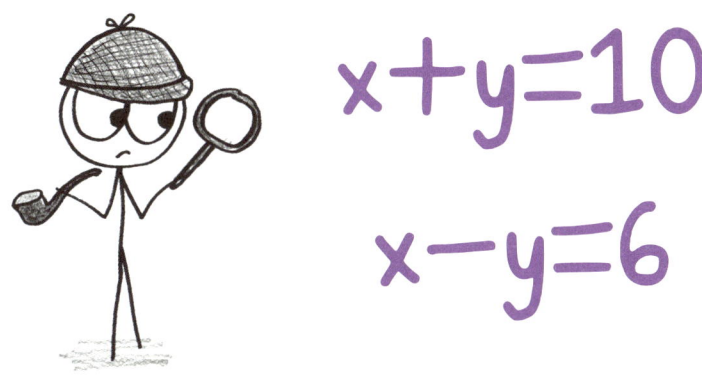

여기서 우리가 찾는 것은 하나의 수가 아니라 두 수로 이루어진 팀이다. 아닌 게 아니라 증거도 두 개다. 첫 번째 증거는 두 수의 합이 10이라는 것이고, 두 번째 증거는 두 수의 차가 6이라는 것이다.

알다시피, 합이 10인 수의 쌍은 6 + 4에서 13.7 + −3.7까지 무한하다. 마찬가지로 차가 6인 수의 쌍도 9 − 3에서 1006 − 1000까지 무한하다. 하지만 이 미스터리의 묘미는 두 명단 모두에 올라 있는 쌍이 하나뿐이라는 것이다.

그들이 우리의 범인이다.

• 열한 명의 범죄자가 모여 절도를 계획하고 실행하는 내용의 영화다.

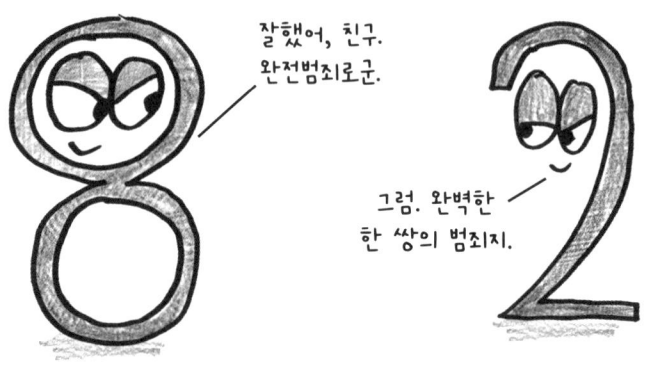

방금 사건을 해결한 탐정처럼 나는 이런 다항 방정식 미스터리에 대해 말하고 싶어서 입이 근질거린다. 다항 방정식은 대수 언어의 완벽한 정점이며, 대수 문법은 바로 이 문학 형식을 위해 만들어졌다. 변수는 미지수에 대해 이야기하게 해주며, 방정식은 미지수의 관계를 묘사하게 해준다. 여러 기발한 단순화를 활용하면 미지수가 아무리 많고 다양해도 값을 찾을 수 있다. 심지어 그래프를 접목해 추리 소설이 문학에서 시각 예술로 발전하는 광경을 지켜볼 수도 있다. 그것은 선과 면이 교차하면서 만들어내는 경이로운 기하학이다.

하지만 이 이야기는 다른 저자가 더 두꺼운 책에서 풀어내는 게 좋겠다.

우리가 이 여정을 출발할 때 나는 수학 개념이 나무와 같으며, 수학 언어는 나무를 둘러싼 집과 같다고 주장했다. 나는 당신을 집 안으로 데려가 겠다고 약속했는데, 이 페이지에서 그 약속을 지켰다고 생각한다. 하지만 우리가 할 일은 아직 끝나지 않았다. 범위를 넓혀서 물어야 할 질문들이 있다. 피할 수 없는 질문부터 시작하자. 수학 언어가 우리에게 혼란과 당혹감을 안겨줄 땐 어떻게 해야 할까? 불가피한 실수엔 어떻게 대처해야 할까?

범주 오류

우리는 새 언어를 익힐 때 실수를 저지르면서 배운다. 내 친구 로스웰을 예로 들어보겠다. 로스웰의 스페인어는 언제나 나를 훌쩍 능가했는데, 한 가지 이유는 그가 자신의 한계를 검증하고 실수를 저지를 각오가 더 투철해서였다. 우리가 고등학교 시절 교환 학생으로 마드리드에 갔을 때 로스웰이 나를 하숙집 주인에게 소개했다. "에스토 에스 미 아미고 벤."

이에 집주인은 답변 대신 영어로 타박을 놓았다. "아니에요, 로스웰. **에스테**가 사람에게 쓰는 말이고 **에스토**는 사물에 쓰는 말이에요. 당신이 방금 한 말은 '여기 있는 이것은 내 친구 벤입니다'였어요. 친구는 바위가 아니잖아요."

뭐 어때. 말하는 바위가 된들 어떠랴. '아시 세 아프렌데(그렇게 배우는 거지).'

대수를 배울 때 흔히 저지르는 실수 중 하나로 **범주 오류**가 있다. 범주 오류는 3 + 4가 6이라고 말하는 것 같은 단순한 잘못이 아니다. 3 + 4가 '저염 호박파이'라고 말하는 것처럼 전혀 엉뚱한 범주를 갖다 붙이는 잘못이다. 영국의 작가 더글러스 애덤스는 한 소설에서 이런 오류를 "수에즈 위기*가 둥근 빵을 얻기 위해 일어났다는 주장만큼이나 어불성설"이

• 1956년 이집트 나세르 대통령의 수에즈 운하 국유화 선언으로 발발한 국제 분쟁을 말한다.

라고 묘사한다.[67] 레모니 스니켓*은 소설에서 당신에게 엉뚱한 음식이나 음료를 가져다주는 것으로 모자라, 당신의 코를 물어뜯는 식당 종업원을 예로 든다.[68] 범주 오류를 저지르는 것은 단지 낱말이나 구가 아니라 상황을 통째로 오인하는 실수다. 품사가 아니라 말의 취지 자체를 잘못 알아듣는 것이다.

흔한 범주 오류를 하나 살펴보자. (문제가 정확히 무슨 뜻인지 몰라도 걱정하지 말라. 나중에 다시 돌아올 테니까.)

범주 오류는 표면상으로는 그다지 해롭지 않아 보인다. 사실 정답을 향해 나아가는 길에서 $x + 2$는 끝에서 두 번째 줄에 나온다. 틀린 학생이

---

* 미국의 소설가 대니얼 핸들러의 필명.『레모니 스니켓의 위험한 대결』시리즈로 유명하다.

이렇게 말할 법도 하다. "마지막 단계를 깜박했을 뿐이에요. 이건 손님의 코를 물어뜯는 것과는 달라요. 아이스티에 레몬 조각 넣는 걸 깜박한 것에 가깝죠."

하지만 같은 상황을 일상어로 표현하면 뭐가 잘못되었는지 똑똑히 알 수 있다.

'오전 3시'라는 답은 어처구니없긴 하지만 적어도 시각이긴 하다. 하지만 범주 오류에 대해서는 이렇게 말할 수조차 없다. 아직 언급되지 않은 미지의 사건을 기준으로 시각을 제시하기 때문이다. 대체 언제의 두 시간 뒤란 말일까?

'범주 오류'라는 용어는 길버트 라일이라는 학자가 인간 정신의 철학에 대한 책에서 처음 소개했다.[69] 학계는 범주 오류가 생기기 쉬운 환경이다. 일상생활에서는 범주가 뚜렷하고 친숙하지만, 학문의 세계에서는 범주가 막연하고 알쏭달쏭하다. 당신은 커피숍에 들어가면서 그곳을 이

발소로 여기진 않을 것이다. 하지만 어떤 추상적 사고를 하면서 그것을 다른 추상으로 여기는 일은 얼마든지 일어날 수 있다.

수학에서는 모든 것을 명사로 바꾸는 경향이 있다. ('눈먼 쥐 세 마리'의 '세'와 같은) 관형사가 명사(3)로 바뀌고 ("넷을 곱한 다음 둘을 더하라"와 같은) 동사 형태의 계산이 명사 식($4n + 2$)으로 바뀐다. 우리는 무엇을 만나든, 그것이 성질이든 과정이든 상관없이 명사인 **사물**로 취급한다.

해 아래 모든 것이 명사라면, 어느 범주의 명사로 말해야 하는지 어떻게 알 수 있을까?

앞의 범주 오류를 예로 들어보자. 문제는 $\frac{x^2 - 4}{x - 2}$ 라는 계산을 언급할 때 이 계산이 어떻게 수행되는지 묘사하기 위해 자리 표시자 x를 이용한다. 그런 다음 이렇게 묻는다. "2에 가까운 수를 이용해 이 계산을 수행하면 다른 수에 가까운 결과를 얻을 것이다. 그 수는 무엇일까?" 이렇게 표현하면 답이 수여야 한다는 것을 분명히 알 수 있다. −3은 오답이지만 적어도 **종류**는 올바르다. $x + 2$라는 답은 정반대다. 정답과 관계는 있지만 **종류**가 완전히 틀렸다. 나는 수를 물어봤는데 당신은 계산(더하기 2)으로 답했다.

이것은 '수업은 몇 시에 시작하나?'에서의 실수와 매우 비슷하다. 거기서도 나는 수(오후 4시)를 물어봤는데 당신은 계산(더하기 두 시간)으로 답했다. 수학에서는 이런 실수를 저지르기가 훨씬 쉽다. 한 명사를 다른 명사로 바꾸는 것일 뿐이기 때문이다.

내가 지금보다 더 분노와 좌절에 휩싸여 있었다면 이 책을 이런 오류의 목록으로만 가득 채웠을지도 모른다. $(a+b)^2$을 a^2+b^2으로 쓰지 말라. $\frac{x}{x+y}$에서 x를 소거하지 말라. 짝다리 짚지 말고, 남들 보는 앞에서 코 후비지 말고, 절대 **결코** 0으로 나누지 말라 등등.

하지만 명백한 실수에 대해 난리법석을 피울 이유가 어디 있나? 나는 로스웰의 지혜가 더 맘에 든다. 이 지혜를 가장 멋지게 표현한 사람은 건축가(그는 수학 애호가였다) 피트 하인일 것이다.[70]

> 지혜에 이르는 길 말인가? 그거야 쉽고
> 간단하게 표현할 수 있지.
> 실수하고
> 실수하고
> 또 실수하되
> 덜 하고

덜 하고

덜 하라.

범주 오류는 소통을 가로막는다. 범주 오류는 번역 과정에서 무언가를 빼먹었을 때, 온갖 명사가 뒤섞여 어느 범주가 어느 범주인지 알 수 없을 때 일어난다. 누가 친구이고 누가 바위일까? 유일한 해결책은 한발 물러서서 묻되, 범주 질문에 유심히 주의를 기울이면서 명사의 종류를 제대로 가려내는 것이다. 그렇게 배우는 거지.

수학 언어를 배우기 힘든 것은 무엇 때문일까? 우리는 추상적 명사, 수많은 기호, 동사 아닌 동사 등 이미 여러 걸림돌을 만나보았다. 하지만 이 모든 걸림돌 밑에 또 다른 난관이 도사리고 있으니, 그것은 입에 오르내리지 않는 방 안의 코끼리* 같은 것이다.

우리는 묘사되는 세계와 묘사하는 언어를 구별해야 한다.

일상적 언어에서 이것은 힘든 일이 아니다. 일 축에도 못 낀다. 당신은 의식적 노력을 전혀 기울이지 않고도 기호('고-양-이'라는 글자)와 지시 대상(콧수염 난 동물)을 구별한다. 이 구별은 언어의 핵심이다. 사물은 이름이 있지만 이름은 사물이 아니다.

---

* 모두 알고 있지만 언급을 꺼리는 거대한 문제 또는 금기시하는 주제를 말한다.

수학에서는 이 구분선이 흐릿해질 때가 있다. 잠깐 시간을 내 이 선을 뚜렷이 칠해보자.

이를테면, 우리는 대개 $\frac{2}{4}$ 대신 $\frac{1}{2}$이라고 쓴다. 하지만 이것은 언어적 관습일 뿐이다. 형식의 문제이지 내용의 문제는 아니다. 일상어에 비유하자면 능동문("내가 노를 저었다")과 피동문("노가 나에 의해 저어졌다")의 차이라고 말할 수 있겠다." 두 문장은 의미가 같지만 대부분의 사람은 능동문을 선호한다. 마찬가지로 우리가 $\frac{2}{4}$보다 $\frac{1}{2}$을 선호하긴 해도, 이것은 기본적으로 스타일 문제다.

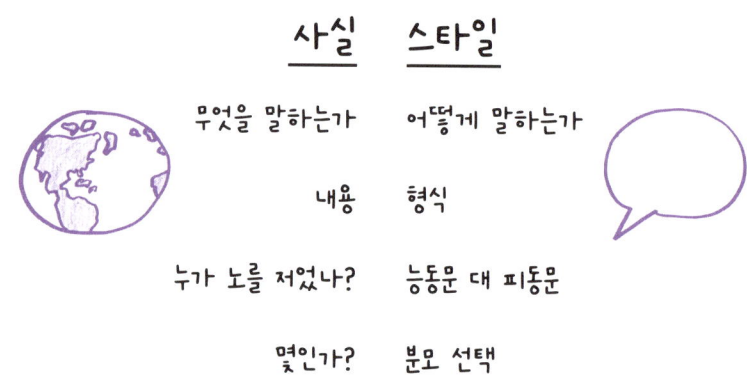

예를 하나 더 들어보자. 두 수를 더할 때 순서가 상관없다는 것은 당연한 사실이다. 그러므로 $3 \times x$는 $x \times 3$과 같은 수다.

반면에, 우리가 결코 $x3$이라고 쓰지 않고 언제나 $3x$라고 쓰는 것은 관습이다.

$x3$이 틀린 게 아니다. 이렇게 써도 당신이 무슨 말을 하려는지 다 알아듣는다. 하지만 '푸른 솔나무'나 '무슨 말인지 알겠서'와 마찬가지로 실수

는 실수다. 살짝 갸우뚱하며 애교로 봐줄 순 있지만, 맞춤법을 잘 안다고 할 순 없다.

같은 맥락에서 $x \times y \times z$라는 수는 여섯 가지 방법으로 쓸 수 있는데, 각자 저마다 다른 그림에 대응한다. 하지만 여섯 가지 그림을 모두 머릿속에 집어넣으면 혼란스러워진다. 하나를 골라 표준으로 삼는 게 더 수월하다. 그래서 우리는 변수를 언제나 알파벳순으로 쓰는 관습을 채택했다. 즉, xzy나 yzx가 아니라 xyz로 쓴다.

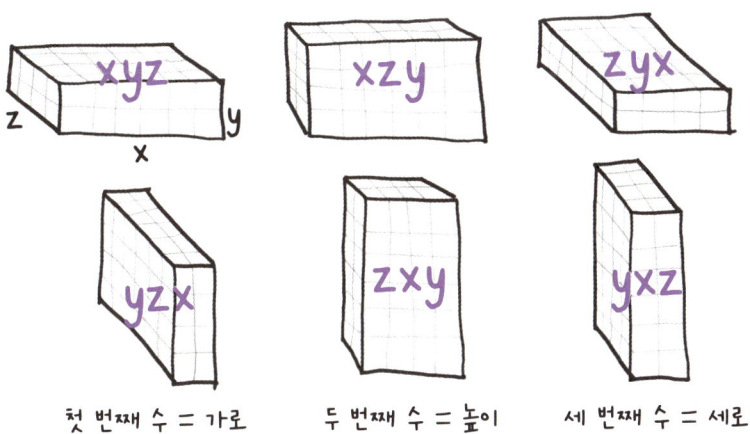

내가 이 규칙을 좋아하는 이유는 콕 집어서 가르치는 경우조차 드물기 때문이다. 수학자들은 이 규칙을 무의식적으로 적용한다. 유창한 언어 구사자가 '커다란 분홍색 목욕 장난감'이라고 하지 '목욕 분홍색 커다란 장난감'이라고 하지 않듯 말이다. 실제로 영국의 작가 마크 포사이스가 『문장의 맛』에서 지적하듯 영어 형용사는 대체로 의견, 크기, 나이, 형태, 색깔, 원산지, 재질, 목적이라는 일정한 순서를 따른다. 그래서 "사랑스럽고 작고 오래된 사각형의 녹색 프랑스산 식칼"이라고 말하는 것이다.[71]

마찬가지로, 수학에서는 수를 대체로 수, 제곱근, 상수, 변수라는 일정한 순서에 따라 곱한다. 그래서 $3\sqrt{2}\pi xy^2 z$라고 쓰지 결코 (누군가를 발끈하게 할 작정이 아니라면) $zy^2\sqrt{2}\pi x3$이라고 쓰지 않는다.

예를 더 들 수도 있지만 요점은 분명히 전달됐으리라 믿는다. 수학 언어는 옳고 그름의 문제가 전부가 아니다. 영어와 마찬가지로 스타일 문제가 결부된다.

둘의 차이는, 영어에서는 누구도 사실 오류를 언어 오류와 구별하느라 애먹지 않는다는 것이다. "개는 헤엄칠 수 있는다." 이 문장은 참이지만 비문법적이다. "개는 헤엄칠 수 없다." 이 문장은 문법적이지만 거짓이다. 구별이 이토록 명확하다면, 수학을 배우는 사람들이 내용과 형식을 구별하느라 이토록 애먹는 것은 무엇 때문일까?

나 같은 교육자를 탓하고 싶은 유혹을 느낄 것이다. 사실 우리는 '예/아니요', '참/거짓', '옳음/그름' 같은 이분법적 피드백을 주는 경향이 있다. 내용 실수($3x$를 $3 + x$로 쓰는 것)와 형식 실수($3x$로 써야 할 것을 $x3$으로 쓰는 것)에 모두 같은 평결(오답)과 같은 벌칙(감점)을 가한다. 마치 부모가 자녀의 나쁜 문법("엄마, 행복하길 바래")과 나쁜 의미("엄마, 불행하길 바라")를 똑같이 호되게 혼내는 격이다.

우리는 자녀가 언어를 가장 순수하고 명료하게 쓰도록 하기 위해서라고 주장하겠지만, 결과는 정반대다. 우리는 '무엇을 말하는가'와 '어떻게 말하는가'의 차이를 뭉갬으로써 언어의 본질을 흐린다.

그럼에도 나는 교사를 탓하지 않는다. 학생을 탓하지도 않는다. 내가 보기에 잘못은 수학 자체에 있다.

'수학'이라는 낱말은 보이지 않고 만질 수 없는 개념 세계를 가리킨다. 그리고 이 세계를 위한 우리의 언어를 가리키기도 한다. 수학은 세계이자 그 세계를 위한 낱말이며, 기호이자 그 기호가 가리키는 대상이다. 그러니 둘을 헷갈리는 게 어찌 놀랄 일인가? 나는 고양이를 가리키면서 당신에게 '고양이'라는 낱말을 가르칠 수 있지만, 변수는 어떻게 가리킬 수 있을까? x와 n이 이름에 지나지 않음을, 낱말이 세상 그 자체가 아님을 당신에게 어떻게 보여줄 수 있을까?

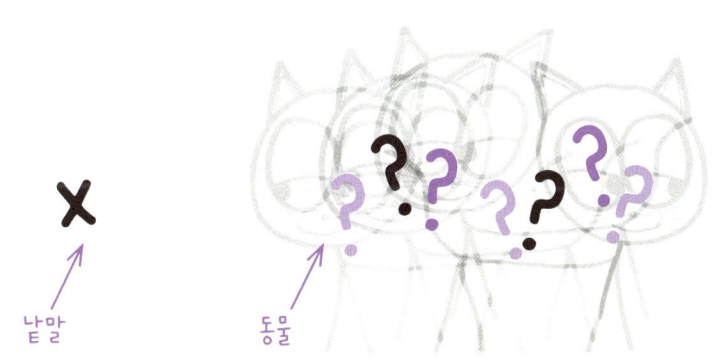

5학년 수업이 막바지에 이르렀을 때 키런이라는 명랑한 아이가 손을 번쩍 들고는 이렇게 말했다.[72] "선생님이 하시는 말 하나도 못 알아듣겠어요. 하지만 그래도 정답은 알겠어요." 아이는 느긋하게 미소 지었다.

나는 한숨을 억눌렀다. "선생님이 어느 부분을 도와줄 수 있을까?"

아이가 말했다. "아, 도움은 필요 없어요. 선생님이 수업 말고 딴 얘기를 하신다는 말이었어요. 이면의 개념 같은 거요. 아시다시피 저는 그런 거 안 해요."

나는 눈을 찡긋했다. 아이도 눈을 찡긋했다. 우리 사이로 거대한 침묵이 흘렀다.

아이는 이렇게 마무리했다. "그래도 괜찮아요? 제 말은, 어쨌거나 정답을 얻기만 하면 되느냐는 거예요."

그랬다. 적나라하게 드러났다. 그것이야말로 그해 내가 가르친 모든 수업의 숨은 의미였다. 날이면 날마다 나는 기호 이면의 논리를 설명하려 했다. 날이면 날마다 학생들은 나의 열변을 예의 바르게 외면하고 기호 자체에만 집중했다. 그날 오후가 특별했던 건 키런이 무대를 벗어나 객석에 들어온 배우처럼 틀을 깨뜨렸기 때문이다. 키런은 우리가 연기하고 있던 연극의 제목을 입에 올렸다.

수학을 하려면 개념에 대해 생각해야 할까, 아니면 기호에만 집중하면 될까?

그 특별한 날 우리는 곱셈 단원에 나오는 규칙(분배법칙)을 탐구하고 있었다. 분배법칙은 큰 더미를 작은 더미로 나누는 것에 대한 논리적 사실이다. 이를테면, 17개로 이루어진 더미는 10개로 이루어진 더미와 7개로 이루어진 더미로 나눌 수 있다. 일반적으로 말하자면, $b + c$개로 이루어진 더미는 b개로 이루어진 더미와 c개로 이루어진 더미로 나눌 수 있다.

이 일반적 참을 간결한 기호 형식으로 추리면 다음과 같다.

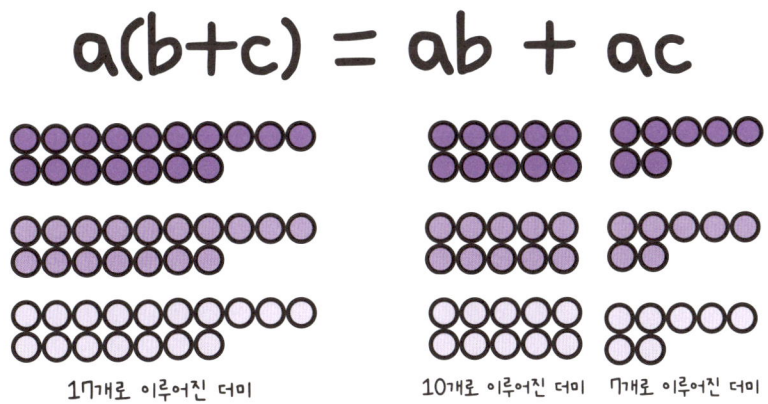

3장 문법·대수

애석하게도 간결한 기호 형식은 보기보다 위험하다. 학생들은 곧 $a(b + c) = ab + ac$를 곱셈, 덧셈, 더미 논리에 대한 심오한 진리로 여기지 않게 된다. 그 대신 글자와 괄호에 대한 규칙으로, 기호를 다루는 관습으로 여기기 시작한다. 그리고 $a(b + c)$ 형식의 표현을 늘 $ab + ac$라는 표현으로 바꿀 수 있다고 결론 내린다. 기호의 의미가 무엇이든.[73]

그때가 되면 학생들은 다음과 같은 풀이를 쓱쓱 써내기 시작한다.

$$\log(b+c) = \log(b) + \log(c)$$

$$\sqrt{b+c} = \sqrt{b} + \sqrt{c}$$

$$(b+c)^2 = b^2 + c^2$$

다 근사해 보인다. 수를 넣어보면 하나도 참이 아니지만.

$$\underset{0.301}{\log(1+1)} \neq \underset{0}{\log(1)} + \underset{0}{\log(1)}$$

$$\underset{5}{\sqrt{9+16}} \neq \underset{3}{\sqrt{9}} + \underset{4}{\sqrt{16}}$$

$$\underset{25}{(2+3)^2} \neq \underset{4}{2^2} + \underset{9}{3^2}$$

학생들은 끙끙대며 이것들이 오류임을 배운다. 하지만 이유를 깨닫는 일은 드물다. 학생들은 각각의 사실을 기호가 어떻게 움직이는가에 대한 별도의 규칙으로 암기하고 싶어 하는 듯하다. 처음의 $a(b+c) = ab + ac$ 규칙에 대한 복잡한 예외의 집합으로 치부하려 드는 것이다.

교사들은 이런 접근법을 **기호 옮기기** symbol pushing 라고 부른다. 기호를 요리조리 옮기기만 할 뿐 기호의 의미에 대해서는 관심을 두지 않는다는 뜻이다. 이것은 수학을 바라보는 기계적 관점이다. 말을 하면서도 자신이 무슨 말을 하는지 모르는 것과 같다. 다비트 힐베르트는 이런 재담을 남겼다. "수학은 모종의 단순한 규칙에 따라 종이 위 의미 없는 자국을 다루는 게임이다."[74] 한마디로 기호 옮기기라는 것이다. 언어는 의미와 결별했다. 어느 교사가 한숨을 내쉬지 않으랴.

하지만 키런의 질문을 받고서 몇 주 뒤, 나는 모든 수학자가 기호 옮기기에 대한 나의 비관적 견해에 동의하는 것은 아니라는 사실을 알게 되었다. 나는 「수학 수업에서 생각을 피하는 방법 How to Avoid Thinking in Math Class」이라는 에세이를 쓰기 시작했다고 아버지에게 말했다(우리 아버지도 수학자다). 내가 다음 말을 꺼내기도 전에 아버지는 이번 집필 계획에 승인 도장을 찍어주었다. "그렇지. 수학 교육의 요점은 생각하지 않도록 도와주는 거라고 내가 늘 말하지 않았냐."[75]

나는 얼떨떨했다. 아니라고, 저 제목은 반어적이라고 설명했다. 내가 확고하게 선호하는 질문인 "우리는 생각해야 하는가?"에 대한 에세이라고 말했다.

아버지는 너그럽게 수긍했다. "아, 그렇지. 생각은 좋은 일이지. 하지만 늘상 생각하는 건 너무 힘들단다."

아버지는 (실은 키런도) 정곡을 찔렀다. 이를테면, $(x+1)(x-1)$이 x^2-1과 같다는 것은 대수적 참이다. 이 사실은 분배법칙을 거듭거듭 적용하는 것과 같다. 물론 더미 재배열의 관점으로도 온전히 설명할 수 있다. 하지만 그런 시도는 가파른 절벽을 올라가는 일과 같다.

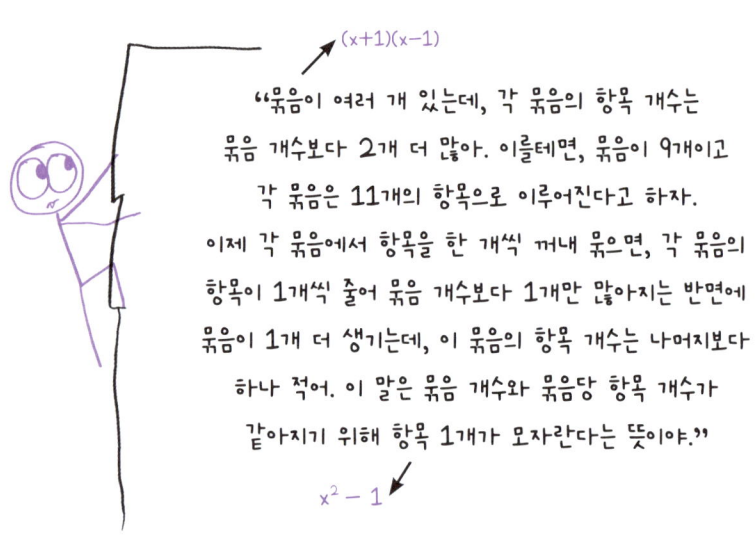

참 가파르기도 하지! 이따금 기분 전환도 할 겸 운동 삼아 다니는 건 괜찮지만 매일 이곳을 지나 통근하라면 엄두가 안 난다. 이것이 바로 우리 아버지가 지적한 대목이었다. 생각은 좋은 일이지. 하지만 늘상 생각하는 건 너무 힘들단다.

수학자 앨프리드 노스 화이트헤드는 생각의 작동에 대해 이렇게 썼다. "마치 전쟁을 치르는 기병대의 활약과도 성격이 비슷하다. 수적으로 엄격하게 제약된 가운데서도 산뜻한 기동력이 요구되며, 결정적 순간에 한

해서만 가동되어야 한다는 특징을 공유하기 때문이다."⁷⁶

반면에 다음 그림과 같은 경우에는 기병을 보낼 필요가 전혀 없다. 글자와 괄호에 대해서만 생각하는 기호 옮기기로도 몇 걸음 만에 힘들이지 않고 같은 정상에 도달할 수 있기 때문이다.

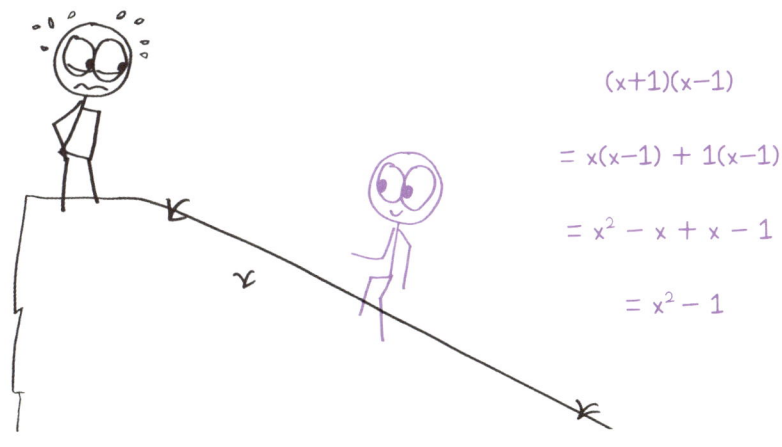

기호 옮기기는 반칙이나 조작이 아니다. 설계 원리다. 캐런 올슨은 어릴 적 기호를 접한 경험을 이렇게 묘사한다. "나도 모르게 나 자신의 위치가 재조정되었고, 나는 손쉽게 종잇조각 속으로 사라졌으며, 사물의 표상이 사물 자체보다 더 매혹적으로 보였다."⁷⁷

수학의 역사를 통틀어 표기법이 종종 인기를 얻는 이유는 뭐니 뭐니 해도 단순한 기계적 규칙에 잘 들어맞기 때문이다. 우리가 기호를 채택하는 것은, 그것을 조작하는 분명한 목적을 위해서라고 말할 수 있다. 그러면 어떤 통찰이나 영감도 없이, 단순 반복 작업 말고는 어떤 노력도 없이 정답을 얻을 수 있다. 손잡이를 돌리기만 하면 새로운 지식이 튀어나온다.

언어가 이런 식으로 작동하는 걸 상상할 수 있겠는가? 이렇게 되면 물체의 이름이 물리적 크기를 나타낼 것이다. 치와와(세 글자)는 소(한 글자)보다 세 배 클 것이다. 음식 이름에는 요리법이 담겨 있을 것이다. 그러니 피자는 '도우소스치즈구이'가 될 것이다. 화학은 지루할 정도로 안전한 연구 분야가 될 것이다. 화학 실험이 온갖 화학 물질의 이름을 짜맞춰 어느 것이 '폭발'이라는 철자가 되는지 보는 일에 불과할 것이니 말이다.

기호 옮기기는 논리법칙을 문법법칙으로 축소한다. 언어는 현실의 축소판 모형이 된다. 우리는 잉크를 쓰는 것만으로 개념을 다룰 수 있다.

그렇다면 나와 키런 중 누가 옳았을까? 물론 둘 다 정답이다. 수학을 이야기하는 것은 두 세계를 왔다 갔다 하면서, 생각의 고된 즐거움과 기호 옮기기의 무의식적 무아지경이라는 서로 다른 두 가지 마음의 틀에 깃드는 일이다. 잉크 없는 개념은 지리멸렬하지만 개념 없는 잉크는 무의미하다. 논리를 배워 훌륭히 익힌 뒤에는, 두뇌의 스위치를 끄고 페이지 위의 기호들이 마음의 고유한 음악에 맞춰 춤추게 하라.

4장 숙어집: 수학자들의 은어

이 책이 거의 끝나가지만 나는 아직 당신에게 수학 언어의 전모를 설명하지 않았다. 이를테면, 행렬 곱셈을 건너뛰었다. 전치 행렬, 행렬 군, 매트릭스 말장난*도 생략했다. 실은 행렬 개념을 고스란히 건너뛰었다. 마찬가지로 미분, 적분, 비표준 미적분, 신장 결석**을 빼먹었고, 방금 생각났는데 기하도 누락했다. 기하는 하나도 안 다룬 것 같다. 내가 당신에게 가르친 것을 1단위로 반올림하면 수학의 0퍼센트일 것이다.

하지만 친구여, 걱정 마시라. 원래 계획이 그랬으니까. 이 책은 수학 세계의 백과사전이 아니라, 수학 언어를 탐구하기 위한 짧은 입문서에 지나지 않는다. 우리는 함께 해변에 서서 작은 배를 만들었다. 해도를 작성하는 임무는 당신에게 맡긴다.

그래도 당신이 배를 띄우기 전에 줄 작별 선물이 하나 있다. 어떤 키나 나침반보다 귀한 선물이다. 그것은 수학자끼리 주고받는 농담을 알아들을 수 있는 안내서다.

수학자를 만나본 적이 한 번이라도 있다면 그들에게 독특한 말버릇이

- 영어 '행렬'과 영화 〈매트릭스〉는 둘 다 철자가 'matrix'다.
- 영어 '미적분'과 '결석'은 둘 다 철자가 'calculus'다.

있다는 것을 눈치챘을 것이다. 가장 시답잖은 대화조차 학술 용어가 양념으로 뿌려져 있다. 봄이 가까워지면 이렇게 말한다. "단조 증가는 아니지만 이제 날씨가 확실히 개선되고 있어." 식당 두 곳은 이렇게 비교한다. "새로운 식당이 맘에 들지만 메뉴의 분산이 커." 가구 매장에서 길을 잃은 경험은 이렇게 묘사한다. "이케아의 위상은 도무지 이해를 못 하겠어."

수학 언어는 추상적 관계에 이름을 붙이기 위해 발달했다. 그래서 매우 정확하면서도 매우 일반적이다. 명확하게 엄밀한 차이를 나타내면서도 거의 모든 것에, 심지어 수나 형태로 분간할 수 없는 상황에도 적용된다.

그렇기에 우리의 문구는 일상어 어휘 사전에 스며들기도 한다. 이를테면, '지수적'은 '겁나게 빨리 증가하다'라는 뜻으로 널리 쓰인다. 정밀하게 쓰인 것은 아니지만 용어의 취지는 제대로 담았다. 마찬가지로 '변곡점'은 '어떤 추세가 정말로 시작되는 순간'을 뜻하게 되었다(수학적 의미와는 정반대에 가깝지만 뭐 어떤가). 떠오르는 샛별도 있다. '직교하는orthogonal'은 '직각의'라는 뜻인데, 얼추 '서로 무관한'과 비슷하게 쓰인다. 어쨌거나 대법원 재판 구두 변론에서 한 변호사가 이 용어를 쓰자 대법관들은 탄성을 내질렀다.[78]

앞서도 소개한 나의 친구 마이클 퍼션은 이렇게 말한다. "그것은 순환이다. 수학은 언어를 집어삼켜 새 의미를 부여한 다음 언중에게 뱉어낸다."

이 책을 마무리하는 4부에서는 당신을 이 순환에 초대한다. 각 용어를 엄밀한 수학적 맥락에서 설명하려면 책 한 권을 써야 할 것이다. 하지만 당신에게 맛을 보여주는 것, 당신을 수학 내부자 농담의 반경으로 데려오는 것은 느슨한 몇 가지 주제에 맞게 배치한 만화 몇십 개로 가능하리라 생각한다.

성장과 변화

사람들 말마따나 변화는 유일한 상수다. 계절은 순환하고 제국은 흥망하고 아이는 몇 시간마다 자라 옷이 맞지 않는다. 이렇게 시시각각 변하는 세상에 어휘를 공급할 수 있는 사람은 누구일까? 철학자일까? 시인일까? 어림도 없다. 그들도 우리만큼이나 겁에 질리고 혼란에 빠져 있다. 흐르는 모래를 조금이라도 정밀하게 묘사하고 싶다면 우리가 기댈 수 있는 것은 하나뿐이다. 그것은 수학의 얼음장 같은 명료함이다.

델타delta: 두 사물 간의 변화 또는 차이.

비약 불연속jump discontinuity: 중간 단계를 건너뛰는 느닷없는 도약이나 변화.

카오스(적)chaotic: 매우 예측 불가능하기 때문에 출발점이 거의 같더라도 극적으로 다른 결과를 낳을 수 있다. (일상어에서는 '혼란스러운'이라는 말과 동의어로 쓰이지만, 수학적 의미는 이와 같다.)

지수적exponential: 빠르게 성장하는. 더 엄밀히 말하자면, 일정한 시간이 흐를 때마다 두 배로 증가하는.

미분 계수derivative: 무언가가 변하는 속도. 양수(증가), 음수(감소), 0(변화하지 않음) 중 하나다.

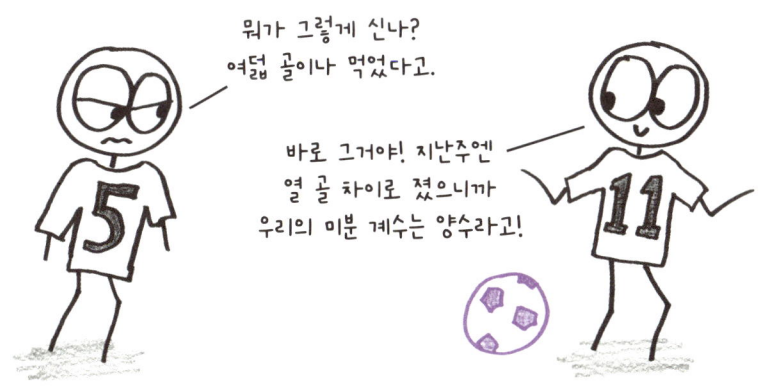

오류와 추정

수학자들이 모든 문제를 풀 수 있는 것은 아니다. 내가 셀프 세차 기계에 돈 넣는 걸 본 사람이라면 수학자들은 제대로 하는 게 **아무것도** 없다고 생각할지도 모르겠다. 진실은 이 중간 어디엔가 있다. 수학자는 일반인과 마찬가지로 오류를 저지를 수 있지만, 언제 오류 가능성이 가장 큰지 알고 큰 오류와 작은 오류를 구별하는 감이 있다. 수학자의 비기祕技는 풍부하고 생동감 넘치는 오류 어휘라고 말할 수 있겠다.

엡실론epsilon: 미세한 변화나 차이.

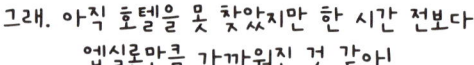

1차 근사_{first-order approximation} : 유익한 출발점. 무언가를 이해하기 위한 대략적이지만 유용한 첫걸음.

부호 착오_{sign error} : 양수와 음수를 뒤바꾸는 실수.

점 추정point estimate: 최상의 추측.

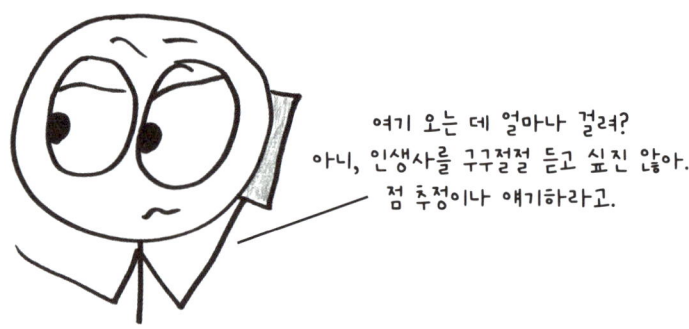

신뢰 구간confidence interval: 정해진 확률(이를테면 90퍼센트)로 참값을 포함하는 값의 범위.

얼버무리다handwave: 엄밀한 기술적 세부 사항을 배제하고 핵심만 포착하다.

최적화

21세기 인류가 처한 비극적 상황은 언제나 더 나은 것을 시도한다는 것이다. 더 빠른 교통수단, 더 맛있는 저녁 식사, 더 귀여운 강아지 등등. 우리의 삶은 영원한 추구의 삶, 말하자면 영원한 불만족의 삶이다. 이런 삶은 바람직하지 않다. 하지만 어쩔 수 없는 노릇이라면, 그것에 대해 명료하고 지적으로 이야기해야 한다.

최적화하다optimize: 목표 변수를 최대한 크게(또는 작게) 정하다.

목적 함수 objective function : 최대화하거나 최소화하려는 것.

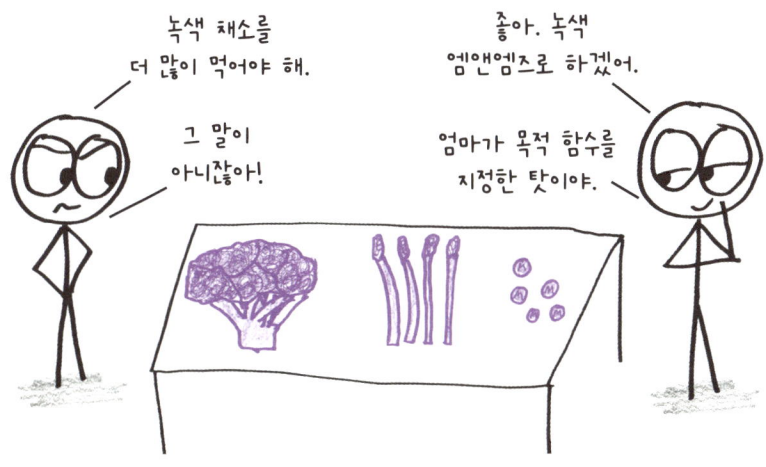

제약 조건 constraint : 고려할 선택지에 대한 제한.

과결정(인)overdetermined: 제약 조건이 너무 많아서 어떤 해도 가능하지 않은.

전역 최적해global optimum: 도달할 수 있는 최선의 결과. 가장 높은 산꼭대기.

지역 최적해local optimum: 극적 변화를 일으키지 않고 도달할 수 있는 최선의 결과. 꼭대기이지만 가장 높은 곳은 아닐 수도 있다.

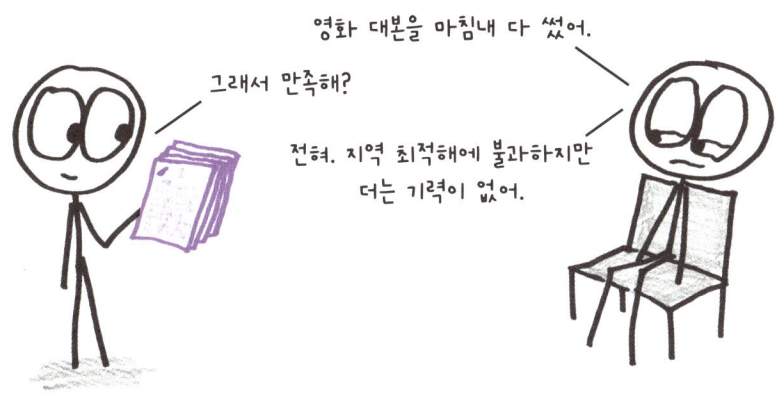

경사 하강법gradient descent[79]: 조금씩 개선하면서 지역 최적해를 찾아가는 과정.

공학자든, 제빵사든, 육아를 전담하는 부모든, 모든 사람은 이런저런 문제를 해결해야 한다. 하지만 쓰러지는 다리, 쓰러지는 수플레, 쓰러지는 아기처럼 문제가 각양각색이면 공통의 언어를 찾기가 힘들 수 있다. 수학자들이 빛을 발하는 것은 여기서다. 우리에게 필요한 것은 그들의 문제 해결 능력이 아니라 문제를 서술하는 그들의 정교한 언어다. 정교한 해법이 있으면 금상첨화고.

알고리즘algorithm: 특정 종류의 문제를 해결하는 체계적 방법.

어림짐작heuristic: 빠르고 요긴하지만 대개 불완전한 방법.

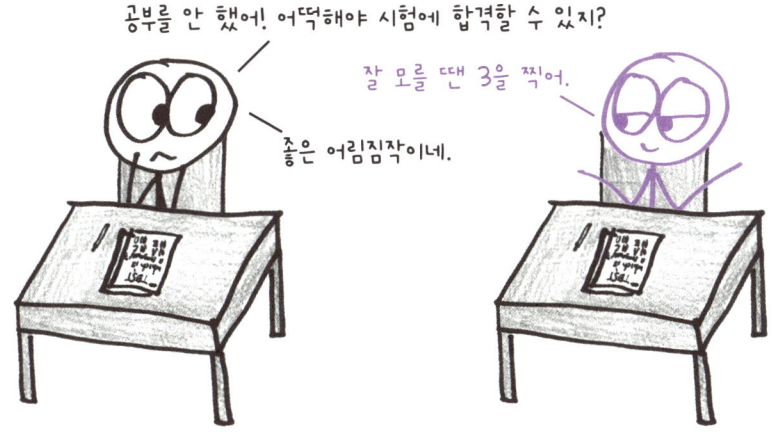

무차별 탐색하다brute-force: 가능성을 하나하나 모조리 체계적으로 시도해 문제를 해결하다.

우아한elegant: 간단하지만 매우 효과적인. '무차별 탐색하다'와 반대되는 개념이다.

역문제inverse problem: 주어진 결과(효과)에 대해 그 원인을 알아내는 문제.

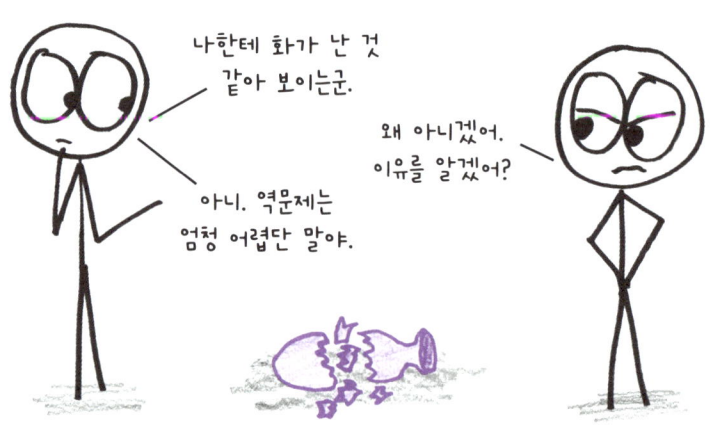

도형과 곡선

이 책은 대수에 초점을 맞췄기에 수학의 전혀 다른 측면인 기하는 다루지 않았다. 전자가 수에 대한 생각에서 생겨난다면, 후자는 공간에 대한 생각에서 생겨난다. 수학의 위대한 기적은 대수와 기하가 하나로 어우러져, 줄기는 하나인데 뿌리가 둘인 불가능한 나무를 만들어낸다는 것이다. 수는 공간의 관점에서 이해할 수 있으며, 공간은 수를 통해 분석할 수 있다. 어느 경우든, 기하 개념 중에는 배제하기에 너무 요긴한(그리고 너무 황홀한) 것들이 있다.

고차원high-dimensional: 고려할 측면이 많은.

측지선_{geodesic}: 두 점 사이의 최단 경로. 반드시 직선은 아니다.

비유클리드적_{non-Euclidean}: 친숙한 기하학 법칙을 따르지 않는.

뫼비우스의 띠Möbius strip: 면이 하나뿐이어서 앞면과 뒷면이 같은 표면. 긴 종잇조각을 비틀어 양 끝을 이어붙여 만들 수 있다.

비선형적nonlinear: 단순한 비를 따르지 않는, 변화율이 때마다 다른.

무한

대중의 상상력을 사로잡은 수학 개념은 많지 않다. 하지만 장르를 뛰어넘어 히트한 개념이 하나 있다. 신학 교리, 시인의 표현, 아이들의 말싸움에 빠지지 않는 그 개념은 바로 무한이다. 수학자에게 무한은 한낱 개념이 아니다. 쓰임새, 의미, 심지어 크기까지 제각각이다. 무한은 그저 낱말이 아니라, 수많은 어휘의 모음이다.

위로 비유계(인) unbounded above : 상한이 없어서 높이, 한없이 높이 올라갈 수 있는.

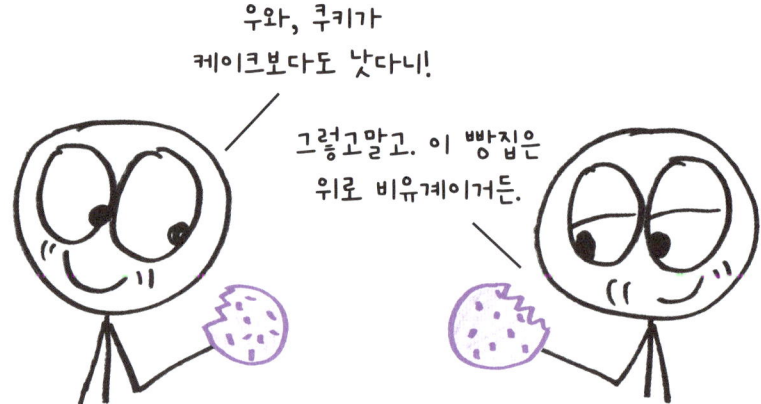

아래로 비유계(인)_{unbounded below}: 하한이 없어서 낮게, 한없이 낮게 내려갈 수 있는.

조밀(한)_{dense}: 널리 퍼져 있는, 구석구석에서 볼 수 있는.

가산 무한countably infinite: 무한의 수학적 계층에서 가장 작은 무한.

비가산 무한uncountably infinite: 더 큰 무한.

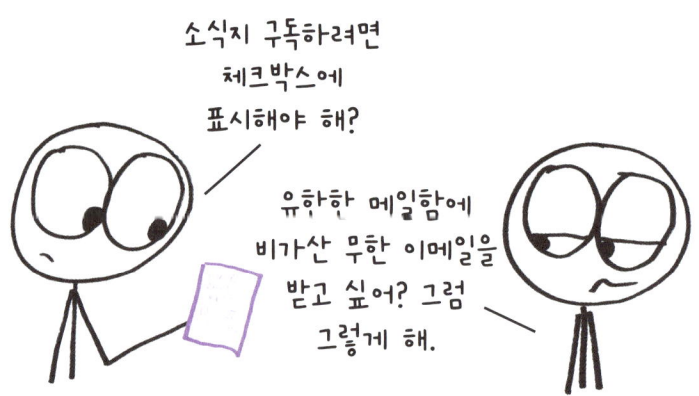

점근적으로asymptotically: 영원히 펼쳐지면서. 도달하지 못할 수도 있지만 점점 가까워지는 결과를 묘사할 때 쓴다.

모임

거의 모든 것은 집합으로 이루어진다. 미국은 50개 주의 집합이고 비틀즈의 음반 〈애비 로드〉는 17곡의 집합이며 7월은 31일의 집합이다. 그러므로 여름 미국 횡단 여행을 위해 비틀스 노래를 선곡하는 간단한 행동조차도 은밀하게 **집합론** 수학으로 가득 차 있다. 다행히도 수학자들은 이런 모임을 묘사하는 명료하고 강력한 언어를 개발했다.

공집합empty set: 원소가 하나도 없는 모임.

부분집합subset: 큰 모임 안에 들어 있는 작은 모임.

합집합union: 두 모임을 합친 것.

교집합intersection: 동시에 두 모임에 속하는 원소의 모임.

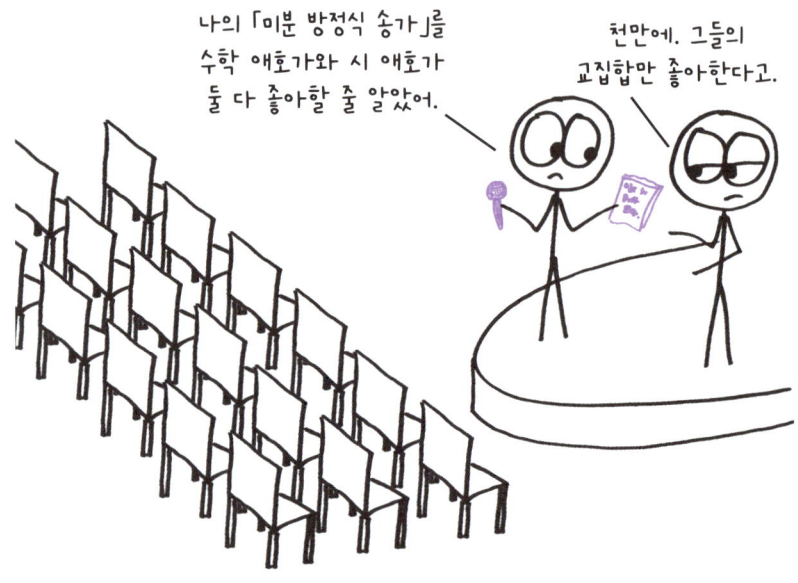

서로소(인)disjoint: 완전히 분리되어 겹치지 않는.

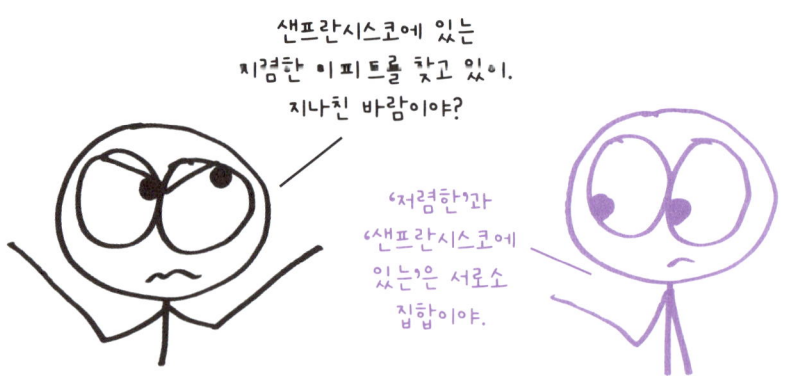

순열permutation: 원소를 배열하거나 재조합하는 방식.

연산에 대해 닫혀 있다closed under an operation: 집합에서 두 원소가 연산을 통해 결합하면 그 결과도 집합의 원소다.

논리와 증명

수학자만 내놓는 결과물 중 하나는 정리定理다. 정리란 결코 의심할 수 없는 참임이 증명된 명제다. 정리 증명은 수학자의 존재 이유다. 실제로 수학자 레니 얼프레드는 수학자를 "커피를 정리로 변화시키는 기계"로 규정하기도 했다.[80] 이 말은 독일어로 하면 더 멋진데, Satz(자츠)라는 독일어 낱말은 '정리'와 '커피 찌꺼기'를 둘 다 의미하기 때문이다. 그러므로 독일어로 규정하면, 수학자는 커피를 커피 찌꺼기로 변화시키는 사람이다. 수학자와 함께 커피를 마시고 싶다면 증명의 언어를 반드시 알아둘 것.

공리axiom: 기초 가정. 신념이나 마찬가지다.

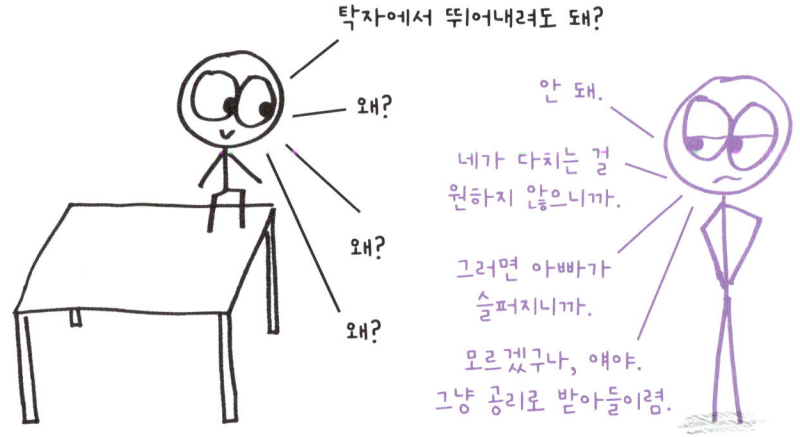

추측conjecture: 누군가 제시한 명제로, 참일 수도 있지만 아직 검증되지 않은 것.

반례counterexample: 제안된 규칙을 반증하는 예외.

정리theorem: 참임이 증명된 규칙.

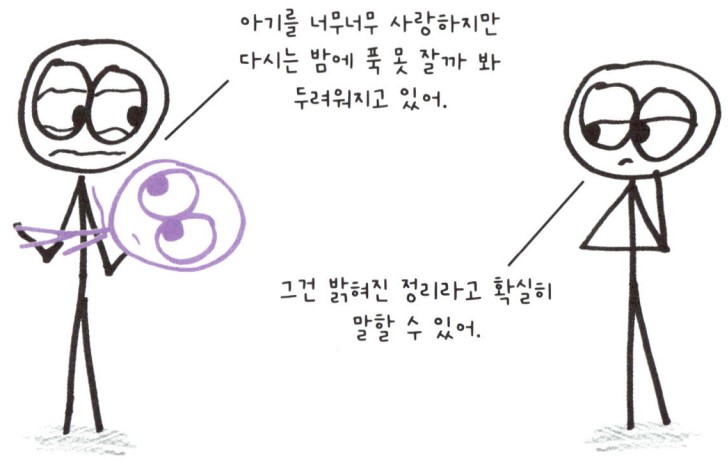

구성적constructive: 무언가를 정확히 어떻게 만들거나 찾을지에 대한 지시가 담겨 있는.

존재정리 existence theorem: 무언가가 존재한다고 확증하지만 어디에 있는지나 어떻게 찾을 수 있는지는 알려주지 않는 증명.

따름정리 corollary: 다른 사실의 명백한 결과인 사실.

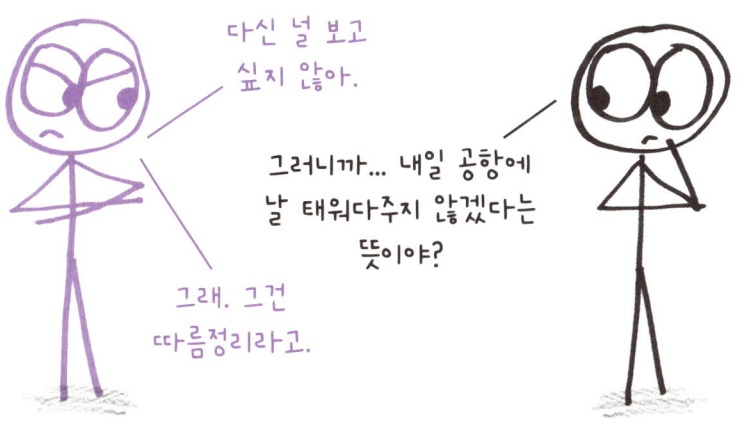

증명 끝QED: 반박할 수 없는 논증을 맺는 극적 선언. 라틴어 'quod erat demonstrandum'의 약자로, '이것이 보여야 할 것이었다'라는 뜻이다.

참과 모순

나는 여러 '수학'의 정의 중에서 수학자 유지니아 쳉이 제시한 것을 가장 좋아한다. 쳉에 따르면, 수학이란 논리 규칙을 따르는 모든 것을 그 규칙을 이용해 연구하는 학문이다. 내게는 옳은 소리로 들린다. 수학의 참된 본질은 수, 연산, 도형, 방정식이 아니다. 바로 논리 추론이다. 무엇이 참인가에 대한 연구가 아니라, 여러 가능한 참이 서로 어떻게 연결되는지에 대한 연구다. 좀 추상적이고 막연하게 들린다면, 그건 지극히 정상이다. 수학 용어가 모든 분야에서 무척 요긴한 것은 바로 이 때문이니까.

귀류법proof by contradiction : 증명하고 싶은 것의 반대명제를 임시로 가정한 다음, 그 반대명제가 보기 좋게 틀렸음을 보여주는 논증.

역설paradox: 두 명제가 각각 참처럼 보이지만 논리적으로 양립할 수 없는 명백한 모순.

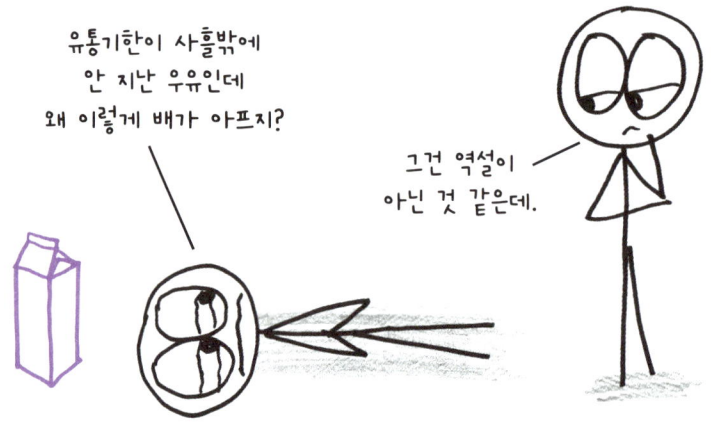

항진명제tautology: 자명한 진술. 정의상 참인 것.

강한_{stronger}: 다른 명제보다 더 포괄적이어서 그 다른 명제의 결과와 그 밖의 다른 것까지 포함하는.

일반성을 잃지 않고_{without loss of generality}: "지금 특정 시나리오를 논할 것이지만 내 말은 모든 시나리오에 똑같이 적용된다"라고 말하는 것과 같다.

특수 사례special case : 일반적 규칙의 특정한 예. 특이점이 있을 순 있지만 궁극적으로는 더 폭넓은 패턴을 따라야 한다.

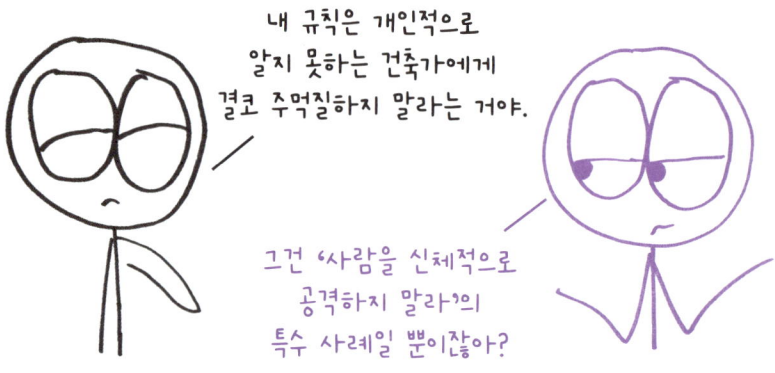

일반화하다generalize : 더 폭넓은 맥락에 적용하다(또는 적용할 수 있다).

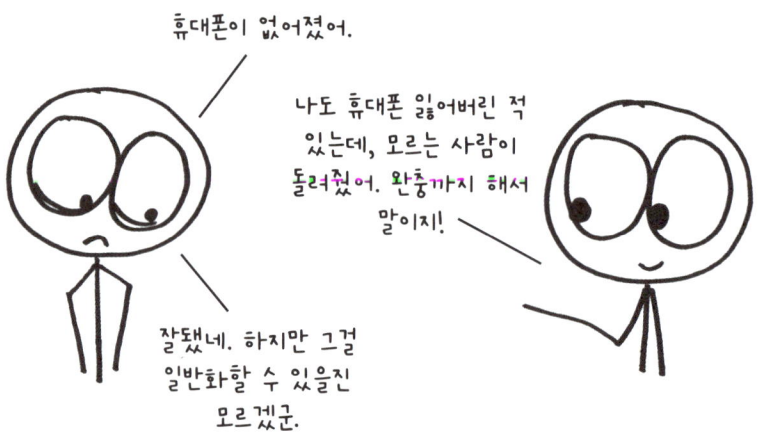

임의의arbitrary: 아직 결정되거나 규정되지 않은. '총칭적'이라는 뜻도 있다.

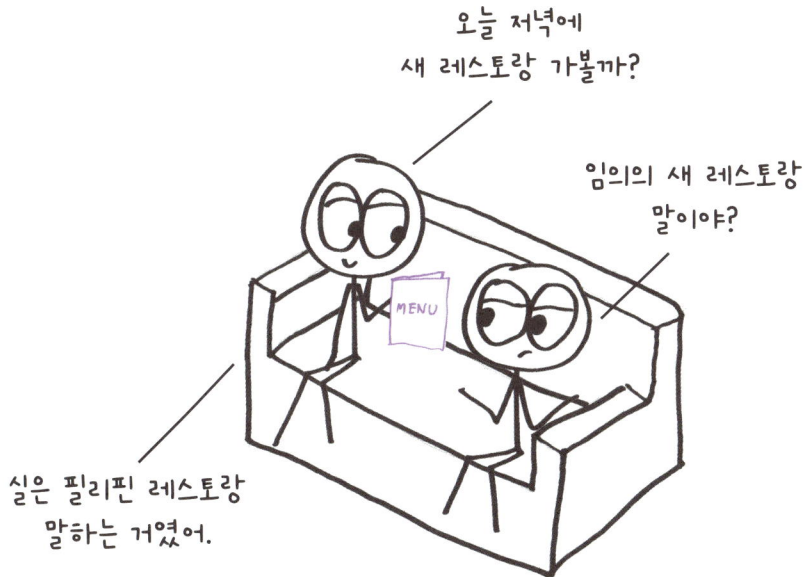

개연성과 가능성

벤저민 프랭클린은 죽음과 세금 말고는 어떤 것도 확실하지 않다는 재담을 남겼다. 요즘 괴짜 억만장자들이 죽음을 피하려고 소액을 쓰거나 세금을 피하려고 거액을 쓰는 걸 보면 그 확실성조차도 의심스럽긴 하지만. 아무것도 확실하지 않은 세상에서 우리는 무엇을 해야 할까? 간단하다. 일어날 법한 것과 일어나지 않을 법한 것, 유망한 것과 무망한 것을 나누면 된다. 우리는 '가능하다'의 백 가지 의미와 '아마도'의 천 가지 뉘앙스를 구별하는 법을 배운다. 한마디로, **확률로 말하는 법을 배운다.**

확률probability: 가능성.

확률 풀이 사전

확실	100퍼센트
거의 확실	95~99.9퍼센트
매우 유망	80~95퍼센트
유망	60~80퍼센트
긴가민가	40~60퍼센트
어쩌면	20~40퍼센트
가능성 낮음	5~20퍼센트
거의 불가능	0.1~5퍼센트
불가능	0퍼센트

0의 확률 probability zero : 엄밀히 말해 가능하기는 하지만, 결코 일어나지 않을 사건.

베이즈 사전 확률 Bayesian prior : 어떤 정보도 수집하기 전에 믿는 것.

갱신하다update: 새 정보를 바탕으로 믿음을 수정하다.

추계적stochastic: '무작위'를 뜻하는 근사한 동의어.

조건부conditioned on: 실제로는 그렇지 않더라도 잠정적으로 무언가를 당연하게 받아들이거나 참이라고 가정하는.

인과관계와 상관관계

삶의 가장 깊은 미스터리를 한 낱말로 압축하면 왜다. 왜 초콜릿 크루아상은 그토록 포슬포슬하고 완벽할까? 그런데도 왜 서너 개만 먹으면 배가 아플까? 크루아상이 나로 하여금 배앓이를 하게 하는 걸까? 아니면, 배앓이가 나로 하여금 크루아상을 찾게 하는 걸까? 수학은 모든 답을 가지고 있지는 않을지라도 이러한 질문을 구성하는 데 완벽한 언어를 가지고 있다. 그것은 **상관관계**(두 사건이 함께 일어난다)와 **인과관계**(한 사건이 다른 사건의 원인이다)를 구별하는 언어다.

상관관계가 있는correlated: 두 변수 중에서 하나가 평균보다 크면 (또는 작으면) 나머지도 따라가는 경향이 있는.

비례하는proportional: 두 변수에 완벽한 상관관계가 있어서, 하나가 두 배가 되면 다른 하나도 두 배가 되는.

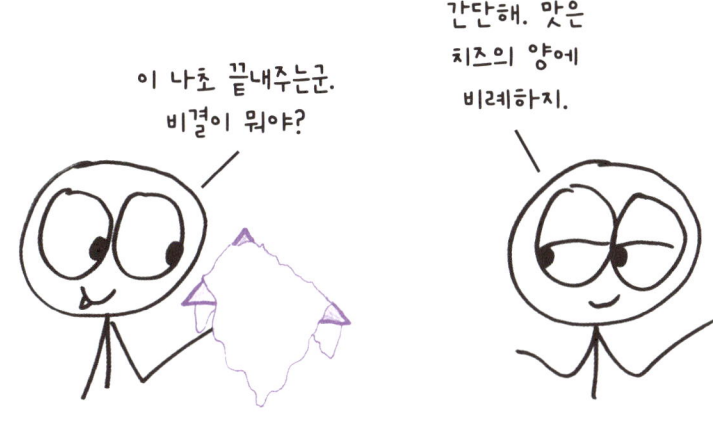

음의 상관관계가 있는negatively correlated: 두 변수 중에서 하나가 커지면 다른 하나는 작아지는.

0의 상관관계zero correlation: 두 변수 사이에 관계가 전혀 없다.

직교하는orthogonal: 당면 문제와 아무 관계가 없는. (문자 그대로는 '직각의'라는 뜻이다.)

데이터

참 고맙게도 언어 '덕후'들은 'data(데이터)'가 복수형이라고 지적하는 것을 좋아한다. 단수형은 'datum(데이텀)'이다. 그래서 data는 '설탕sugar'이나 '짐luggage'처럼 물질명사(불가산 단수 취급)로 쓰면 안 된다. 항상 '컵들cups'이나 '양동이들buckets' 같은 복수형 명사로 써야 한다.* 어쨌거나 이런 데만 신경 쓰다가 데이터에 대한 진짜 중요한 사실을 놓치면 안 된다. 내가 이 글을 쓰고 있는 2020년대 초에, 우리가 데이터의 시대에서 여생을 보낼 가능성이 점점 커지고 있다는 사실 말이다.

분산variance: 예측 불가능성, 다양성.

---

* 이를테면, 'this data gives……'가 아니라 항상 'these data give……'와 같이 써야 한다.

n: 몇 명에게서 데이터를 수집했는지 나타내는 수. n이 클수록 (나머지 조건이 동일할 경우) 결과의 신뢰도가 높다.

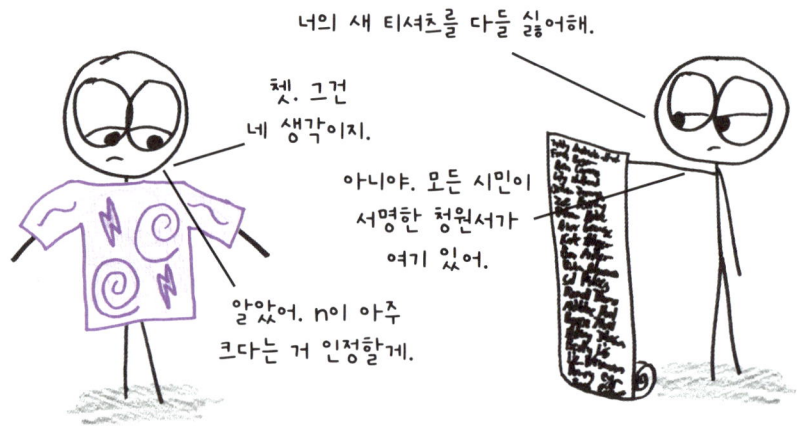

고르게 분포하는 uniformly distributed: 모든 값의 확률이 같은.

평균 위 표준편차 standard deviations above the mean: 평균보다 높은 단계. 1은 꽤 좋고 2는 아주 좋고 3은 지독히 좋고 4는 단연 최고다.

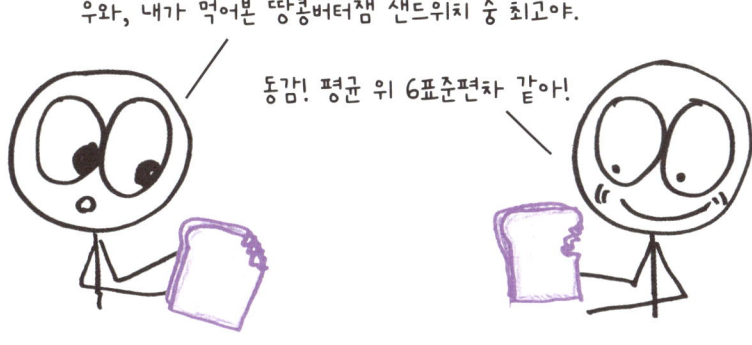

대표(적) representative: (작은 집단에 대해) 자기가 속한 큰 집단과 유사한.

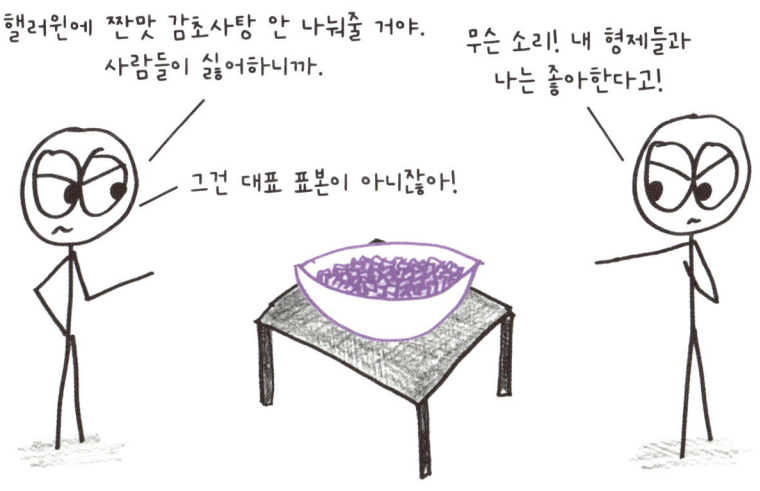

잡음이 있는noisy: 결과가 무작위 사건에 영향을 받거나 좌우되는.

영가설null hypothesis: 기본 가정. 상반되는 강력한 증거를 찾지 못할 경우 참으로 가정하는 것.

게임과 위험

게임 이론이라는 수학 분야는 처음에 단순한 확률 게임을 분석하는 방법으로 출발했지만 나중에 훨씬 거창한 분야로 발전했다. 지금은 운동 경기, 도마뱀의 짝짓기, 기업 경쟁, 우주를 여행하는 문명 등 온갖 전략적 상호작용을 분석하는 틀이다. 그렇기에 게임 이론의 언어는 단순히 포커에서 지지 않는 법이 아니라 모든 주제에 대해 지적으로 대화하는 법을 가르쳐준다(포커에서는 질 수도 있겠지만 말이다).

게임 이론game theory : 전략적 상호작용의 수학적 연구.

죄수의 딜레마prisoner's dilemma: 각 사람이 공동선과 자기 이익 중에서 하나를 선택해야 하는 상황.

제로섬zero-sum: 한 사람이 이득을 보면 반드시 다른 사람이 손해를 보는 상황.

도박사의 오류gambler's fallacy: 이번에 운이 나빴으면 조만간 행운이 찾아와 손해를 '만회'하리라는 잘못된 믿음.

기댓값expected value: 무언가를 하고 또 했을 때 얻을 수 있는 평균적 결과.

위험 회피risk aversion: 기댓값이 낮아질지언정 낮은 위험을 선호하는 것.

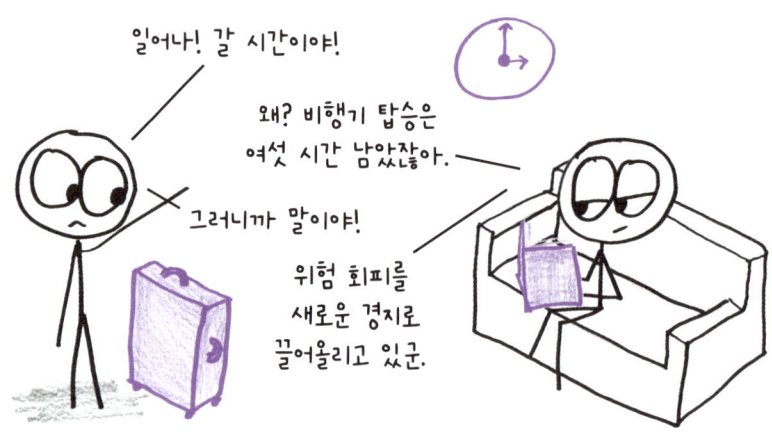

절대적으로 우세하다strictly dominate: 적어도 한 가지에서 낫고, 어느 것에서도 못하지 않다.

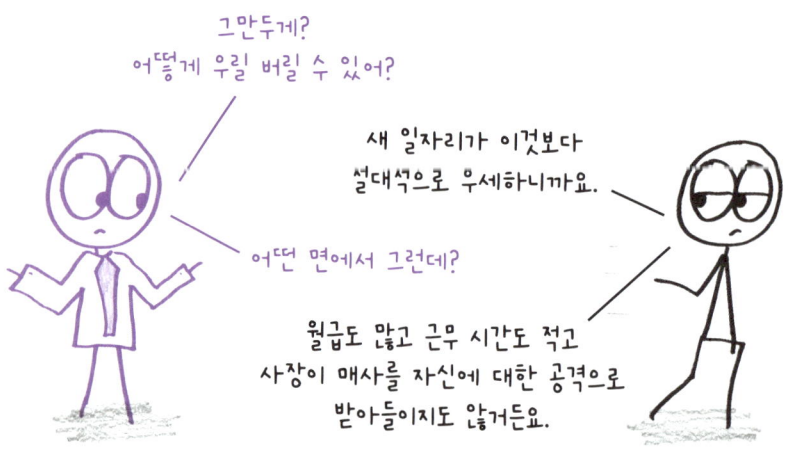

속성

세부 사항에 너무 집착하는 사람을 두고 우리는 흔히 나무만 보고 숲은 못 본다고 한다. 수학자는 어느 쪽인가 하면, 이와는 정반대 결함이 있어서 숲만 보고 나무는 못 본다. 대상 자체가 아니라 대상의 속성을 들여다보는 습관 때문이다. (나무가 아니라 나무의 수를 본다.) 그러고서 이 속성을 추려낸 다음 속성의 속성을 살펴본다. (수가 아니라 짝수인가 홀수인가를 본다.) 이런 식으로 사물의 속성의 속성의 속성을 파고든다. 프랑스의 수학자이자 물리학자 앙리 푸앵카레는 수학자를 일컬어 이렇게 말했다. "그들에게 물질은 중요하지 않다. 오로지 형식에만 관심이 있다."

동형(인) isomorphic : 겉으로는 달라 보여도 같은 기본 구조를 공유하는.

반사성reflexive property: 어떤 사물이든 자신과 같다는 사실.

추이적transitive: (관계의 성격에 대해) A와 B의 관계가 B와 C의 관계와 같으면, A와 C의 관계도 같은.

불변량invariant: 대상이 달라지더라도 변하지 않는 성질.

교환하다commute: 순서를 바꿔도 같은 결과를 내놓다.

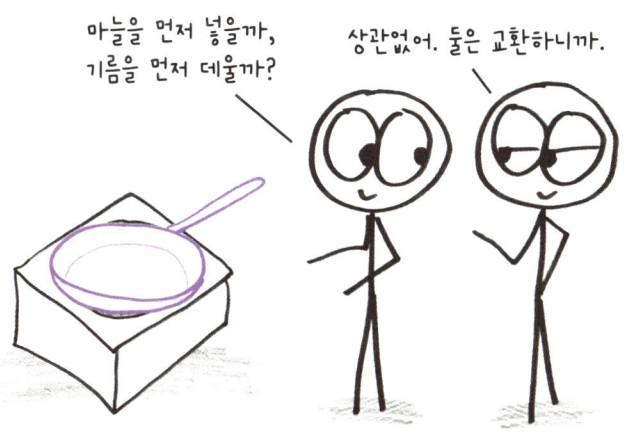

유명 수학자와 수학 은어

과학에는 마리 퀴리나 빅터 프랑켄슈타인 같은 세계적 유명인이 있지만 수학에는 그런 인물이 없다. 에미 뇌터? 윌 헌팅?• 알 듯 말 듯한 이름이 고작이다. 그래도 수학자들은 대중의 칭송보다 감미로운 것을 누린다. 그것은 동료의 존경이다. 말하자면, 내부자 농담에 언급되는 것이다. 수학자와의 시시껄렁한 교류를 원한다면 다음과 같은 공통의 대화 주제를 알아두는 게 유익할 것이다.

에르되시 수Erdys number: 당신이 팔 에르되시와 몇 단계 떨어져 있는지 나타내는 수. '1단계'는 연구 논문을 공저했다는 뜻이다.

• 아말리에 에미 뇌터Amalie Emmy Noether는 독일 출신의 미국 수학자로 대수학에서 업적을 남겼고, 윌 헌팅은 영화 〈굿 윌 헌팅〉의 수학 천재 주인공이다.

가우시안Gaussian: 19세기 수학자 카를 가우스와 관계가 있는. 가우스의 이름을 딴 것이 하도 많아서 아무 명사에나 붙여도 될 정도다.

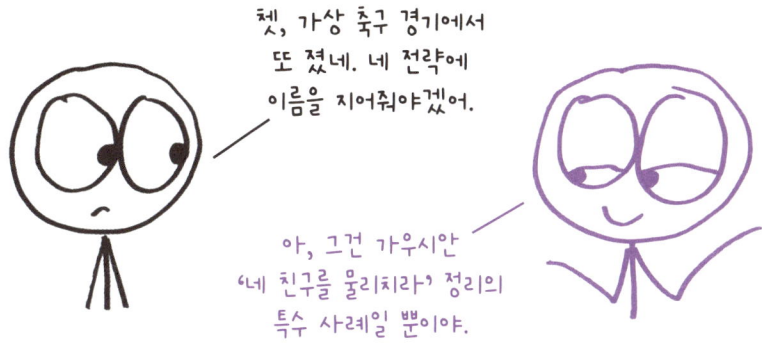

페르마의 마지막Fermat's last: 장담했지만 결코 실현되지 않은 것. (피에르 드 페르마의 '마지막 정리'에 빗댄 표현. 페르마는 어떤 책의 여백에서 자신이 흥미로운 명제를 증명했지만 증명이 너무 길어서 거기에 적을 수 없다고 주장했다. 그가 착각했던 것이 틀림없다. 그가 죽은 지 350년이 지나서야 유효한 증명이 발견되었으니 말이다.)

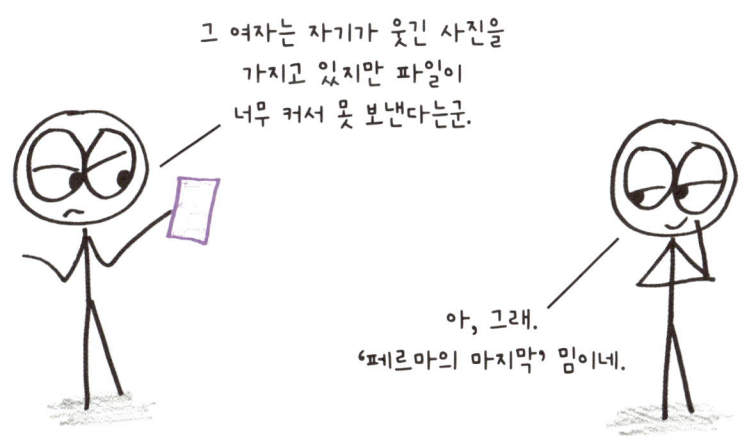

필즈상Fields medal: 수학계의 유명한 상. 원래는 촉망받는 신예 연구자를 기리는 상이었으나 나중에는 훌륭한 성취를 거둔 40세 미만 연구자에게 주는 상이 되었다.

밀레니엄 문제 Millennium Problem: 2000년에 선정된 유명하고 중요한 수학 문제 일곱 가지. 한 문제를 풀 때마다 100만 달러의 상금을 받을 수 있다.

페렐만하다~pull a Perelman~: 사회에서 사라지다. 그리고리 페렐만은 밀레니엄 문제 하나를 풀었지만 상금을 거부하고 수학계에서 은퇴했다.

오일러 항등식~Euler's identity~: $e^{\pi i} + 1 = 0$이라는 방정식. 다섯 가지 기본수를 하나의 단순한 관계로 아우르며, 수학을 통틀어 가장 아름다운 방정식으로 손꼽힌다.

군말, 인용, 작은 글자

1   Oliver Sacks, *Seeing Voices: A Journey into the World of the Deaf* (Berkeley: University of California Press, 1989). 한국어판은 『목소리를 보았네』(알마, 2012) 203쪽. 색스는 수학 언어를 콕 짚지 않고 어느 언어에든 유창한 사람의 특징을 언급하고 있다.

머리말

2   Albert Einstein, "The Late Emmy Noether," *New York Times*, 1935년 5월 4일.

1장 명사

3   Karen Olsson, *The Weil Conjectures: On Math and the Pursuit of the Unknown* (New York: Farrar, Straus and Giroux, 2019).

4   Jorge Luis Borges, *Collected Fictions* (London: Penguin Putnam, 1998). 한국어판은 『픽션들』(민음사, 전자책).

5   Ursula Le Guin, *A Wizard of Earthsea* (New York: Houghton Mifflin, 1968). 한국어판은 『어스시의 마법사』(황금가지, 2011) 263쪽.

6   이를테면, Alice Clapman and Ben Goldstein, "Hand-Counting Votes: A Proven Bad Idea," Brennan Center for Justice, 2022년 11월 23일, https://www.brennancenter.org/our-work/analysis-opinion/hand-counting-votes-proven-bad-idea.

7 문제의 수학자는 르네 데카르트였다. David Wells, *The Penguin Dictionary of Curious and Interesting Numbers* (London: Penguin, 1997).

8 인용된 학생은 윌리엄 콜리스다. 마침 그의 테드 강연(조회수가 150만 회를 넘었다) 제목이 〈비디오 게임 실력이 여러분을 앞서 나가게 해줍니다How Video Game Skills Can Get You Ahead in Life〉다. 2021년 3월에 게시, https://www.ted.com/talks/william_collis_how_video_game_skills_can_get_you_ahead_in_life.

9 Lewis Carroll, *Through the Looking-Glass* (1871), Project Gutenberg, https://www.gutenberg.org/files/12/12-h/12-h.htm. 한국어판은 『거울 나라의 앨리스』(현대문학, 2011).

10 Charalampos Lemonidis and Anastasios Gkolfos, "Number Line in the History and the Education of Mathematics," *Inovacije U Nastavi* 33 (2020년 3월): 36-56, 10.5937/inovacije2001036L.

11 Wells, *Penguin Dictionary of Curious and Interesting Numbers*.

12 J. J. O'Connor and E. F. Robertson, "Frances Maseres," MacTutor History of Mathematics Archive, 2023년 3월 15일 접속, 2004년 최종 업데이트, https://mathshistory.st-andrews.ac.uk/Biographies/Maseres/.

13 W. H. Auden, *A Certain World: A Commonplace Book* (New York: Viking, 1970).

14 Günhan Caglayan, "Algebra Tiles: Explorations of al-Khwārizmī's Equation Types," *Convergence*, 2021년 10월, https://www.maa.org/press/periodicals/convergence/algebra-tiles-explorations-of-al-khw-rizm-s-equation-types-al-khw-rizm-s-compendium-on-calculating.

15 "The Truth About A&W's Third-Pound Burger and the Major Math Mix-Up," A&W Restaurants, 2023년 4월 11일 접속, https://awrestaurants.com/blog/aw-third-pound-burger-fractions. 이 이야기는 수학 교육 업계에서 회자되지만 도시 전설의 혐의가 짙다. 서드파운드가 실패한 이유는 분수에 대한 오해 때문이 아니라 맥도날드가 세계적 대기업이고 A&W의 주력 상품은 루트비어였기 때문일 것이다. 어쨌든 A&W는 이 이야기가 사실이라고 주장한다.

16 Ben Orlin, *Math with Bad Drawings* (New York: Black Dog & Leventhal, 2018). 한국어판은 『이상한 수학책』(북라이프, 2020). 솔직히 말하자면, 나는 내

책에 낱말이 몇 개 있는지 전혀 모른다.

17　Charles Seife, *Proofiness: The Dark Arts of Mathematical Deception* (New York: Viking, 2010). 이기적 저술가가 으레 그러듯 나는 세이프의 농담을 나 자신의 수사적 목적에 맞게 고쳤다.

18　이 주들을 정리하다가 카를 분더리히(우리에게 98.6°F라는 숫자를 전해준 과학자)가 실제로 0.1도 단위로 37.0℃를 제시했음을 알게 되었다. 그러니 그의 수는 화씨로 환산하기 전부터도 너무 정밀했다.

19　프리다의 엄마는 클레어 워먼홈으로, 바로 저 옥수수 놀이터 소풍에 대해 근사한 에세이를 썼다. Claire Wahmanholm, "Get In Loser, We're Going Corn-Pitting," *Essay Daily*, 2022년 9월 20일, http://www.essaydaily.org/2022/09/the-midwessay-claire-wahmanholm-get-in.html. 프리다의 아빠 대니얼 럽턴에게도 감사하다. 럽턴은 나의 옥수수 어림값의 사실 확인을 해주었다. 그는 재미있는 수학적 사실을 나보다 많이 안다.

20　Stephen Chrisomalis, *Reckonings: Numerals, Cognition, and History* (Cambridge, MA: MIT Press, 2020).

21　이런저런 믿거나 말거나식 온라인 출처에서 이런저런 믿거나 말거나식 수치를 내놓지만 전부 10^{20}과 10^{21} 사이에 있으며, 이것은 우리의 취지에서는 매우 가까운 수들이다. 이것이 이 장에서 나의 전형적 정밀도다.

22　Claude Shannon, "Programming a Computer for Playing Chess," *Philosophical Magazine*, 7th ser., 41, no. 314 (1950년 3월).

23　Doug Smith, "But Who's Counting?" Los Angeles Times, 2010년 1월 31일, http://articles.latimes.com/2010/jan/31/opinion/la-oe-smith31-2010jan31.

24　Floyd Norris, "Erroneous Order for Big Sales Briefly Stirs Up the Big Board," *New York Times*, 2002년 10월 3일, https://www.nytimes.com/2002/10/03/business/erroneous-order-for-big-sales-briefly-stirs-up-the-big-board.html.

25　Kent Cooper, "Member of Congress Makes Billion-Dollar Error," *Roll Call*, 2013년 8월 20일, https://rollcall.com/2013/08/20/member-of-congress-makes-billion-dollar-error.

26　Douglas Hofstadter, *Metamagical Themas: Questing for the Essence of*

Mind and Pattern (New York: Basic Books, 1985). 한국어판은 『메타마법적 테마들』(가제, 북이십일, 출간 예정).

27 John Allen Paulos, *Innumeracy: Mathematical Illiteracy and Its Consequences* (New York: Vintage Books, 1990). 한국어판은 『숫자에 약한 사람들을 위한 우아한 생존 매뉴얼』(동아시아, 2008).

28 Annie Dillard, *For the Time Being* (New York: Vintage Books, 1999).

29 Thomas Hardy, *Two on a Tower: A Romance* (1882). 이 인용문은 빼어난 대중용 천문학 책에서 찾았다. Marcia Bartusiak, *Dispatches from Planet 3: 32 (Brief) Tales on the Solar System, the Milky Way, and Beyond* (New Haven, CT: Yale University Press, 2018).

30 위키백과 설명에 따르면(https://en.wikipedia.org/wiki/Trapezoid#Etymology_and_trapezium_versus_trapezoid), 유럽어는 평행한 변이 한 쌍인 사변형에는 'trapezium'과 비슷한 형태를 쓰고 평행한 변이 없는 사변형에는 'trapezoid'와 비슷한 형태를 쓴다고 한다. 그러다 1795년 찰스 허턴이 수학 사전을 펴내면서 실수로 두 용어를 뒤바꿨다. 영국은 19세기에 오류를 바로잡았지만 미국은 그러지 않았다.

31 어떤 사람들은 'maths'가 복수여서 대수, 기하 같은 수학 주제의 다양성을 반영하기 때문에 더 낫다고 주장한다. 하지만 이 주장은 헛소리다. 'maths'는 복수형이 아니기 때문이다. 저게 맞다면 "maths are fun"이라고 말해야 하지만 우리는 "maths is fun"이라고 말한다. 'maths'는 'mathematics'와 마찬가지로 물질명사이며 우연히 's'로 끝나게 되었을 뿐이다.

32 Florian Cajori, *A History of Mathematical Notations* (Mineola, NY: Dover, 1993). 또한 우리가 표기법에 대해 이야기하는 동안 나는 소수점 뒤 세 자리마다 반드시 공백을 넣기로 했다. 그래서 3.14159265가 아니라 3.141 592 65라고 썼다. 왜 이 방식이 표준이 되지 않았는지 모르겠다.

33 이 주장에 대한 명백한 반론은 큰 자릿수(이를테면 10^{200}광년의 거리나 10^{500}년의 시간)를 쉽게 상상할 수 있는 반면에, 작은 자릿수(이를테면 10^{-200}미터나 10^{-500}초)를 언급하는 것은 무의미하다는 것이다.

34 Vi Hart, "Pi Is (Still) Wrong," YouTube video, 2011년 3월 14일 게시, https://www.youtube.com/watch?v=jG7vhMMXagQ.

35 이 수치는 인터넷에 널리 퍼져 있지만 솔직히 나는 마틴 루서 킹의 키가 몇인

지 모르며, 그리고 (이게 핵심인데) 관심도 없다.

36　Gustave Flaubert, *The Letters of Gustave Flaubert, 1830–1857*, Francis Steegmuller 옮김 (Cambridge, MA: Belknap, 1980).

37　Jorge Luis Borges, "Pascal's Sphere," in *Other Inquisitions, 1937–1952*, Ruth L. C. Simms 옮김 (Austin: University of Texas Press, 1964). 한국어판은 『또 다른 심문들』(민음사, 전자책). 조르다노 브루노의 인용문도 이 책에서 발췌했다.

38　Borges, "The Aleph," in *Collected Fictions*. 한국어판은 『알레프』(민음사, 전자책).

2장 동사

39　물론 테트레이션에서 더 나아갈 수도 있다. 하지만 앞에서 보았듯, 그래봐야 수가 터무니없고 쓸데없고 무의미하게 커질 뿐이다. 실제로도 그런 수는 괴상한 조합론적 상황에서만 등장한다.

40　George Orwell, *Nineteen Eighty-Four* (London: Secker & Warburg, 1949). 한국어판은 『1984년』(열린책들, 전자책).

41　이 일화가 소개된 다음 결정판의 목록을 살펴보길 강력히 추천한다. Brian Hayes, "Versions of the Gauss Schoolroom Anecdote," http://bit-player.org/wp-content/extras/gaussfiles/gauss-snippets.html.

42　Jo Morgan, *A Compendium of Mathematical Methods* (Woodbridge, UK: John Catt, 2019).

43　위키인용Wikiquote에서는 이 명언의 출처를 *Geometrie and Erfahrung* (1921) pp. 3–4로 제시한다. Karl Popper, *The Two Fundamental Problems of the Theory of Knowledge*, Andreas Pickel 옮김, Troels Eggers Hansen 엮음 (2014)에서 재인용.

44　Jordan Ellenberg, *How Not to Be Wrong: The Power of Mathematical Thinking* (New York: Penguin, 2014). 한국어판은 『틀리지 않는 법』(열린책들, 2016) 117쪽.

45　이와 관련된 과제인 '분모의 유리화'는 수학 교육에서 가장 불가사의하게 열띤 논쟁거리가 되었다. 이 관행의 주된 근거($\frac{1}{\sqrt{2}}$의 세로나눗셈이 $\frac{\sqrt{2}}{2}$의 세로나눗셈보다 훨씬 복잡하다는 것)는 이제 타당하지 않다. 하지만 2차 근거(단순화를 알아볼 수 있

도록 제곱근을 표준화하는 편이 낫다는 것)는 여전히 유효하다. 이를테면, $\sqrt{98} + \sqrt{18} = \sqrt{200}$ 은 요령부득이지만 $7\sqrt{2} + 3\sqrt{2} = 10\sqrt{2}$은 매우 자연스럽다.

46 Henri Poincaré, *Science and Method* (1908). 한국어판은 『과학과 방법』(동서문화사, 2016) 31쪽.

47 David Crystal, *The Disappearing Dictionary: A Treasury of Lost English Dialect Words* (London: Macmillan, 2015).

48 James Gleick, *The Information: A History, a Theory, a Flood* (New York: Vintage, 2012). 한국어판은 『인포메이션』(동아시아, 2017) 132쪽. 유쾌한 "감자만큼 싼 로그표" 구절도 같은 책에서 인용했다. 한국어판은 같은 책 146쪽.

49 "Ambiguous Headlines," Fun with Words, http://www.fun-with-words.com/ambiguous_headlines.html. 진짜인지 가짜인진 모르겠지만 무척 웃기다.

50 내가 PEMDAS, BODMAS, BIDMAS 같은 전통적 약어를 노골적으로 피한 이유는 간단하다. 싫으니까. 내가 여기서 제시하는 설명(연산을 가장 센 것에서 가장 약한 것 순으로 시행하되 괄호가 없을 때만 그렇게 하라)이 더 나아 보인다.

51 Steven Strogatz, "That Vexing Math Equation? Here's an Addition," *New York Times*, 2019년 8월 5일, https://www.nytimes.com/2019/08/05/science/math-equation-pemdas-bodmas.html.

52 Kurt Reusser, "Problem Solving Beyond the Logic of Things: Contextual Effects of Understanding and Solving Word Problems," *Instructional Science* 17, no. 4 (1988): 309–38.

3장 문법

53 Steven Pinker, *The Language Instinct: How the Mind Creates Language* (New York: William Morrow, 1994). 한국어판은 『언어본능』(동녘사이언스, 2008).

54 Olsson, *Weil Conjectures*.

55 Texas A&M University, "Students' Understanding of the Equal Sign Not Equal, Professor Says" (보도자료), *ScienceDaily*, 2010년 8월 11일, https://www.sciencedaily.com/releases/2010/08/100810122200.htm.

56 Kristine Larsen, *Stephen Hawking: A Biography* (Westport, CT: Greenwood

Press, 2005). 한국어판은 『휠체어 위의 우주여행자 스티븐 호킹』(이상미디어, 2010) 108쪽.

57 Cédric Villani, Malcolm DeBevoise 옮김, *Birth of a Theorem: A Mathematical Adventure* (New York: Farrar, Straus and Giroux, 2015). 빌라니는 사실 동료 엘리엇 리브의 견해를 인용한 것이지만 취지에 공감하는 것처럼 보인다.

58 Michael Pershan, "'Draw a Picture' Is Too Darn Abstract for Kids," *Rational Expressions* (블로그), 2014년 8월 21일, http://rationalexpressions.blogspot.com/2014/08/draw-picture-is-too-darn-abstract-for.html.

59 Edward R. Tufte, *The Visual Display of Quantitative Information*, 2nd edition (Cheshire, CT: Graphics Press, 2001).

60 John Scalzi, "The Scalzi Theory of Strawberries," *Whatever* (블로그), 2019년 6월 8일, https://whatever.scalzi.com/2019/06/08/the-scalzi-theory-of-strawberries.

61 굿 캘큘레이터스 웹사이트의 자동 계산기를 이용했다. https://goodcalculators.com/flesch-kincaid-calculator.

62 Katy Waldman, "Can One Sentence Capture All of Life?" *New Yorker*, 2019년 9월 6일, https://www.newyorker.com/books/page-turner/can-one-sentence-capture-all-of-life.

63 David Richeson, *Euler's Gem: The Polyhedron Formula and the Birth of Topology* (Princeton, NJ: Princeton University Press, 2008). 한국어판은 『오일러의 보석』(교유서, 2018).

64 Barry Mazur, "When Is One Thing Equal to Some Other Thing?" 2007년 6월 12일, Harvard University, https://people.math.harvard.edu/~mazur/preprints/when_is_one.pdf.

65 Paul Lockhart, *Measurement* (Cambridge, MA: Belknap, 2012).

66 아인슈타인이 실제로 한 말은 좀 더 복잡하고 전후 맥락과 관계있다. 그럼에도 내 생각에 아인슈타인은 자신의 논리에 따라 더 단순한 버전을 받아들일 것이다.

67 Douglas Adams, *Dirk Gently's Holistic Detective Agency* (London: Pan Books, 1988). 한국어판은 『더크 젠틀리의 성스러운 탐정 사무소』(이덴슬리벨, 2009) 64쪽. 사실 이 구절은 범주 오류 일반을 가리키는 게 아니라, 더크 젠틀리라는 인

물이 친구를 사귄다는 생각에 대한 것이다.

68 Lemony Snicket, *The Reptile Room*, *A Series of Unfortunate Events* 시리즈 제2권 (New York: HarperCollins, 1999). 한국어판은 『위험한 대결 2: 파충류의 방』(문학동네, 2002).

69 Ofra Magidor, "Category Mistakes," *Stanford Encyclopedia of Philosophy*, Edward N. Zalta and Uri Nodelman 엮음, 2019년 7월 5일, https://plato.stanford.edu/archives/fall2022/entries/category-mistakes.

70 Piet Hein, "The Road to Wisdom," *Grooks* (New York: Doubleday, 1969).

71 Mark Forsyth, *The Elements of Eloquence: Secrets of the Perfect Turn of Phrase* (New York: Berkley, 2013). 한국어판은 『문장의 맛』(비아북, 2023) 77쪽.

72 키런 일화는 내가 쓴 에세이 「정답의 교회 The Church of the Right Answer」에 처음 실렸다. 이 에세이는 호기심을 질식시키는 관료적 학교 교육 경향에 저항하는 법에 대한 것이다. Ben Orlin, *Math with Bad Drawings* (블로그), 2015년 2월 11일, https://mathwithbaddrawings.com/2015/02/11/the-church-of-the-right-answer.

73 이 오류는 나의 에세이 「모든 것은 선형적이다(또는 기호 옮기기의 발라드) Everything is Linear (Or, the Ballad of the Symbol Pushers)」에서 더 자세히 언급된다. Ben Orlin, *Math with Bad Drawings* (블로그), 2015년 7월 8일, https://mathwithbaddrawings.com/2015/07/08/everything-is-linear-or-the-ballad-of-the-symbol-pushers.

74 『신박한 수학 사전』의 원래 제목은 『종이 위 의미 없는 자국 Meaningless Marks on Paper』이었다.

75 이 일화는 최종적으로 내 블로그의 게시물 네 건에 발표되었다. Ben Orlin, "How to Avoid Thinking in Math Class," part 1, *Math with Bad Drawings* (블로그), 2015년 1월 7일, https://mathwithbaddrawings.com/2015/01/07/how-to-avoid-thinking-in-math-class.

76 A. N. Whitehead, *An Introduction to Mathematics* (1911), Project Gutenberg, https://www.gutenberg.org/ebooks/41568. 한국어판은 『수학이란 무엇인가』(궁리, 2009) 59쪽.

77 Olsson, *Weil Conjectures*.

4장 숙어집

78 특히 존 로버츠 대법원장과 앤터닌 스캘리아 대법관. Robert Barnes, "Supreme Court Justices, Law Professor Play with Words," *Washington Post*, 2010년 1월 12일, https://www.washingtonpost.com/wp-dyn/content/article/2010/01/11/AR2010011103690.html.

79 초보자에게는 경사 **상승법**이어야 한다고 느껴질 것이다. 우리는 비유적으로 언덕 꼭대기에 도달하려고 하기 때문이다. 사실 무언가를 최대화하는 것은 실제로 상승이다. 하지만 수학에서는 최소화가 최대화보다 훨씬 흔하다. 우리가 실제로 찾는 것은 가장 낮은 골짜기다. 그래서 **하강법**인 것이다.

80 Adriana Salerno, "Coffee Into Theorems," *PhD + Epsilon* (블로그), American Mathematical Society, 2015년 4월 28일, https://blogs.ams.org/phdplus/2015/04/28/coffee-into-theorems/.

더 깊이 공부하려면

수학 언어에 바치는 서정적 헌사: Olsson, Karen. *The Weil Conjectures: On Math and the Pursuit of the Unknown*. New York: Farrar, Straus and Giroux, 2019. 나의 책 곳곳에 이 책이 인용된 것은 결코 우연이 아니다.

종이와 연필로 하는 수학에 대한 유용하고 유쾌한 안내서: Morgan, Jo. *A Compendium of Mathematical Methods*. Woodbridge, UK: John Catt, 2019. 교사에게 좋고 학생에게 좋고 열세 가지의 매혹적인 곱셈법이 궁금한 수학광에게도 좋다.

내가 좋아하는 수학 소설: Borges, Jorge Luis. *Collected Fictions*. London: Penguin Putnam, 1998. 한국어판은 『픽션들』(민음사, 2011), 『알레프』(민음사, 2012), 『또 다른 심문들』(민음사, 2019). 이 단편들은 수학 증명처럼 치밀하고 엄밀하고 보편적이다. 몇 편은 수학자들이 특히 좋아한다.
- "Funes, His Memory." ("Funes the Memorious"로 번역되기도 한다.) 한국어판은 「기억의 천재 푸네스」
- "The Aleph." 한국어판은 「알레프」
- "The Approach to Al-Mu'tasim." 한국어판은 「알모타심으로의 접근」
- "The Library of Babel." 한국어판은 「바벨의 도서관」

- "The Garden of Forking Paths." 한국어판은 「두 갈래로 갈라지는 오솔길들의 정원」
- "The Secret Miracle." 한국어판은 「비밀의 기적」
- "The Book of Sand." 한국어판은 「모래의 책」
- "Blue Tigers." 한국어판은 「파란 호랑이들」

지구에서 가장 저명한 수학자의 생각에 대하여: Tao, Terence. "On Writing." https://terrytao.wordpress.com/advice-on-writing-papers. 수학계에는 세계적 유명인이 없지만, 테런스 타오가 그에 가장 근접했을 것이다(특히 당신 집에 수학자가 있다면 잘 알 것이다). 그의 블로그에는 수학적 소통에 대한 사색적이고 풍성한 성찰이 담겨 있다. 특히 다음 게시물을 보라.
- "Use Good Notation"
- "Take Advantage of the English Language"
- "Give Appropriate Amounts of Detail"
- "On 'Local' and 'Global' Errors in Mathematical Papers, and How to Detect Them"
- "On 'Compilation Errors' in Mathematical Reading, and How to Resolve Them"

'성장과 변화'에 대하여: 알맞은 하위 분야는 미적분이다. 당돌하게도 내 책을 권한다. 거의 동시에 출간된 다른 저자의 책도 추천한다.
- Orlin, Ben. *Change Is the Only Constant: The Wisdom of Calculus in a Madcap World*. New York: Black Dog & Leventhal, 2019. 한국어판은 『더 이상한 수학책』(북라이프, 2021).
- Strogatz, Steven. *Infinite Powers: How Calculus Reveals the Secrets of the*

Universe. New York: Houghton Mifflin Harcourt, 2019. 한국어판은 『미적분의 힘』(해나무, 2021).

'오류와 추정'에 대하여: 여기서는 확률에서의 불확실성, 통계에서의 신뢰 구간, 미분에서의 오차 한계 추정, 모든 수학 연구에서 저지르는 일반적 실수 등 몇 가지 수학 분야를 아우른다.

- Parker, Matt. *Humble Pi: When Math Goes Wrong in the Real World*. New York: Riverhead Books, 2020. 한국어판은 『세상에서 수학이 사라진다면』(다산사이언스, 2023).
- Paulos, John Allen. *Innumeracy: Mathematical Illiteracy and Its Consequences*. New York: Vintage Books, 1990. 한국어판은 『숫자에 약한 사람들을 위한 우아한 생존 매뉴얼』(동아시아, 2008).
- Seife, Charles. *Proofiness: The Dark Arts of Mathematical Deception*. New York: Viking, 2010.

'최적화'에 대하여: 유별나지만 명쾌한 입문서로 다음 책을 추천한다. Bosch, Robert. *Opt Art: From Mathematical Optimization to Visual Design*. Princeton, NJ: Princeton University Press, 2019.

'해와 방법'에 대하여: 이 주제는 수학에서 거듭거듭 등장한다. 알고리즘과 발견법에 관심이 있다면 다음 책을 추천한다.

- Fry, Hannah. *Hello, World: Being Human in the Age of Algorithms*. New York: W. W. Norton, 2019.
- Shane, Janelle. *You Look Like a Thing and I Love You: How Artificial Intelligence Works and Why It's Making the World a Weirder Place*. New

York: Little, Brown, 2019. 한국어판은 『좀 이상하지만 재미있는 녀석들』(알에이치코리아, 2020).

'도형과 곡선'에 대하여: 훌륭한 선택지가 많지만 나는 다음 책을 권한다.

- Escher, M. C. (Karin Ford 옮김). *Escher on Escher: Exploring the Infinite*. New York: Harry N. Abrams, 1989. 한국어판은 『M. C. 에셔 무한의 공간』(다빈치, 2004).
- Parker, Matt. *Things to Make and Do in the Fourth Dimension: A Mathematician's Journey Through Narcissistic Numbers, Optimal Dating Algorithms, At Least Two Kinds of Infinity, and More*. New York: Farrar, Straus and Giroux, 2015. 한국어판은 『차원이 다른 수학』(프리렉, 2017).
- Roberts, Siobhan. *King of Infinite Space: Donald Coxeter, the Man Who Saved Geometry*. New York: Walker Books, 2006. 한국어판은 『무한 공간의 왕』(승산, 2009).

'무한'에 대하여:

- 아주 빽빽하고 전문적인 논의로는 소설가가 쓴 책이 있다. Wallace, David Foster. *Everything and More: A Compact History of Infinity*. New York: W. W. Norton, 2003.
- 경쾌하고 대화하는 듯한 논의로는 범주 이론 연구자가 쓴 책이 있다. Cheng, Eugenia. *Beyond Infinity: An Expedition to the Outer Limits of Mathematics*. New York: Basic Books, 2018. 한국어판은 『무한을 넘어서』(열린책들, 2018).

'모임'에 대하여: 여기서 이야기하는 집합론은 종종 모든 수학의 논리적 토대로 손꼽힌다. 내가 좋아하는 입문서는 다음과 같다. Doxiadis, Apostolos, and Christos Papadimitriou. *Logicomix: An Epic Search for Truth*. New York: Bloomsbury, 2009. 한국어판은 『로지코믹스』(랜덤하우스, 2011).

'논리와 증명'에 대하여: 이것은 수학의 핵심이다. 다음 책을 추천한다.

- Cummings, Jay. *Proof: A Long-Form Mathematics Textbook*. Self-published, 2021.
- Nelsen, Roger B. *Proofs Without Words: Exercises in Visual Thinking*. 원래는 Mathematical Association of America에서 출간, 1993. 한국어판은 『눈으로 보는 수학』(청문각, 2021).
- Ording, Philip. *99 Variations on a Proof*. Princeton, NJ: Princeton University Press, 2021.

'참과 모순'에 대하여: 수학과 철학의 경계 지대는 자신을 영원히 혼란스럽게 하기에 좋은 장소다. 그 목적에 맞는 책은 다음과 같다.

- 좋은 출발점: Smullyan, Raymond. *What Is the Name of This Book?: The Riddle of Dracula and Other Logical Puzzles*. New York: Penguin Books, 1990. 한국어판은 『퍼즐과 함께하는 즐거운 논리』(문예출판사, 2021).
- 놀랍게도 십대 저자가 엮은 책: Alsamraee, Hamza E. *Paradoxes: Guiding Forces in Mathematical Exploration*. Curious Math Publications, 2020.

'개연성과 가능성'에 대하여: 확률에서 나의 가장 큰 관심사는 '확실성을 추구하는 우리 마음이 근본적 불확실성의 삶을 받아들이도록 어떻게 구슬릴 수 있는가'다. 이 분야의 훌륭한 책들은 다음과 같다.

- Galef, Julia. *The Scout Mindset: Why Some People See Things Clearly and

Others Don't. New York: Piatkus, 2021. 한국어판은 『스카우트 마인드셋』(와이즈베리, 2022).
- Kahneman, Daniel. *Thinking, Fast and Slow*. New York: Farrar, Straus and Giroux, 2013. 한국어판은 『생각에 관한 생각』(김영사, 2018).
- Mlodinow, Leonard. *The Drunkard's Walk: How Randomness Rules Our Lives*. New York: Vintage, 2009. 한국어판은 『춤추는 술고래의 수학 이야기』(까치, 2020).

'인과관계와 상관관계'에 대하여: 사람들 말마따나 "상관관계는 인과관계가 아니다." 맞는 말이다. 상관관계는 인과관계를 **야기하지** 않는다. 하지만 둘은 분명히 상관관계가 있다.

- 근사하고 우습도록 재미있는 글: Vigen, Tyler. *Spurious Correlations*. https://www.tylervigen.com/spurious-correlations.
- 단순하지만 멋진 게임(특히 나 같은 통계 입문 교사에게): *Guess the Correlation*. https://www.guessthecorrelation.com.

'데이터'에 대하여: 이 분야 문헌은 너무 전문적이어서 요약하는 것조차 망설여진다. 하지만 좋은 출발점으로 다음 책들이 있다.

- Cairo, Alberto. *How Charts Lie: Getting Smarter about Visual Information*. New York: W. W. Norton, 2019. 한국어판은 『숫자는 거짓말을 한다』(웅진지식하우스, 2020).
- Harford, Tim. *The Data Detective: Ten Easy Rules to Make Sense of Statistics*. New York: Riverhead Books, 2021.
- Orlin, Ben. *Math with Bad Drawings: Illuminating the Ideas That Shape Our Reality*. New York: Black Dog & Leventhal, 2018. 한국어판은 『이상

한 수학책』(북라이프, 2020).

'게임과 위험'에 대하여: 이 용어는 게임 이론에서 왔다. 게임에 대한 내 책을 여기에 끼워넣는다. Orlin, Ben. *Math Games with Bad Drawings: 75¼ Simple, Challenging, Go-Anywhere Games—And Why They Matter*. New York: Black Dog & Leventhal, 2022. 한국어판은 『아주 이상한 수학책』(북라이프, 2024).

'유명인과 전설'에 대하여:

- 팔 에르되시에 대해서는 빼어난 전기가 있다. Hoffman, Paul. *The Man Who Only Loved Numbers: The Story of Paul Erdös and the Search for Mathematical Truth*. New York: Hachette, 1998. 한국어판은 『우리 수학자 모두는 약간 미친 겁니다』(승산, 1999).
- 페르마의 마지막 정리에 대해서는 지금껏 나온 책 중에서 가장 훌륭한 수학 대중서를 추천한다. Singh, Simon. *Fermat's Enigma: The Epic Quest to Solve the World's Greatest Mathematical Problem*. New York: Walker, 1997. 한국어판은 『페르마의 마지막 정리』(영림카디널, 2022).
- 필즈상에 대해서는 나와 역사가 마이클 배러니의 인터뷰를 읽어보라. Orlin, Ben. "The Forgotten Dream of the Fields Medal," *Math with Bad Drawings* (블로그), 2018년 7월 25일. https://mathwithbaddrawings.com/2018/07/25/the-forgotten-dream-of-the-fields-medal.
- 밀레니엄 문제에 대해서는 다음 책을 파고들 만하다(하지만 이해하기가 만만치 않으니 주의할 것). Devlin, Keith. *The Millennium Problems: The Seven Greatest Unsolved Mathematical Puzzles of Our Time*. New York: Basic Books, 2002. 한국어판은 『수학의 밀레니엄 문제들 7』(까치, 2004).

- 그리고리 페렐만과 그가 해결에 이바지한 문제에 대한 책은 다음을 추천한다. Szpiro, George G. *Poincaré's Prize: The Hundred-Year Quest to Solve One of Math's Greatest Puzzles*. New York: Plume, 2007. 한국어판은 『푸앵카레가 묻고 페렐만이 답하다』(도솔, 2009).
- 리만 가설과 그 이면의 이론에 대하여: Derbyshire, John. *Prime Obsession: Bernhard Riemann and the Greatest Unsolved Problem in Mathematics*. New York: Plume, 2004. 한국어판은 『리만 가설』(승산, 2006).
- 카를 가우스와 레온하르트 오일러에 대해 더 알고 싶다면 대학 수준 수학 수업을 아무거나 들어보라.

횡설수설 감사 인사

이 페이지에는 대개 '감사의 글'이라는 제목이 붙지만, 이 책에서는 그 말이 너무 쌀쌀맞아 보였다. '감사의 글' 하면 근엄하게 고개를 끄덕이는 모습이 떠오른다. 나는 그보다는 눈물 글썽이는 포옹과 마음 한편의 빚진 느낌을 전하고 싶다. 당신이 그냥 감사받는 게 아니라 **거북하게 감사** 받는 느낌을 받도록 하고 싶다.

우선 편집자 베키 고에게 감사한다. 베키는 (우리 둘에게) 독보적으로 불만스럽고 (적어도 나에게!) 독보적으로 뿌듯한 책이 탄생하도록 나를 잘 이끌어주었다. 이 책은 내가 오래전부터 쓰고 싶던 수학책이에요. 당신이 없었다면 결코 쓸 수 없었을 거예요.

BD&L(블랙독 앤드 레벤탈)의 나머지 사람들과 우리의 숙련된 공모자 벳시 헐스보시, 카라 손턴, 케이티 베네즈라, 세라 푸팔라(나의 그림을 전문가의 솜씨로 다듬은 당신의 작업은 이 책에서 특히 돋보였어요), 엘리자베스 존슨, 멜러니 골드, 잰더 김, 프란체스카 베고스, 그리고 내가 배은망덕하게도 빼먹은 이 외의 모든 사람에게 감사한다. 나는 아직 조악한 출력 문서 묶음밖에 보지 못했는데, 여러분이 탄생시켜줄 실물을 얼른 보고 싶다.

다도 데르비스카딕과 스티브 트로하에게 감사한다. 두 사람은 판단력이 나보다 훨씬 뛰어나다. 그들이 아니었다면 나는 '그림을 못 그리는 직업

삽화가'라는 괴상하고 소박한 꿈의 직업을 가지지 못했을 것이다.

세인트폴대학교에서 나의 통계학 입문 수업을 들은 학생들, 교수지원센터의 친절한 사람들, 에닌다 오눈워르와 아바니 샤, 토론토 AMATYC(북미2년제대학수학협회)의 새 동료들에게 감사한다. 나의 다른 어떤 책보다도 이 책은 교사로서의 내 일과 뗄 수 없다. 여러분 모두가 그 일을 가능하게 (그리고 즐겁게!) 해준다.

이 책의 제목이 『종이 위 의미 없는 자국』(2021년 2월)에서 『수학 기호 만화 사전』(2021년 7월), 『수학 언어를 말하는 법』(2022년 1월), 『에휴, 이 책을 결코 끝내지 못할 것 같아: 쓸 수 없고 결코 존재할 수 없는 수학책』(2022년 6월), 『영어 전공자를 위한 수학 Math for English Majors(원제)』(2023년 2월)으로 바뀌는 우여곡절 여정에서 내게 조언과 격려를 해준 가족과 친구에게 감사한다. 무엇보다(부디 이름이 누락되었다고 해서 감사하는 마음까지 누락되었다고 생각하진 말아주시길) 제임스 올린, 마이클 퍼션, 데이비드 클럼프, 캐런 칼슨, 애덤 빌더시, 베이 게일러드, 캐시 올린, 제나 라이브, 라크 팔레르모, 저스틴 팔레르모, 앤디 주얼, 대니얼 게일러, 세스 킹먼, 캐런 올슨, 스티븐 크리소말리스, 조 모건, 톰 버넷, 제임스 프롭에게 감사한다. 내가 이 책에 대한 믿음을 잃었을 때 변치 않는 믿음을 보여준 그랜트 샌더슨, 초창기 원고를 현명하고 끈기 있게 읽으면서 내가 이 책의 취지를 잊지 않도록 해준 페기 올린과 폴 데이비스에게 특별하고 화려하고 수줍은 감사 인사를 전한다.

마지막으로 테린, 케이시, 데빈, 사랑해. 내가 쓰는 모든 글은 너희와 함께 살아가는 이 아름다운 삶의 작은 흔적과 자국일 뿐이야.

찾아보기

ㄱ

가산 무한 292
가우스, 카를Gauss, Carl 113, 327
가우시안 327
가짜 해 247-248
각기둥 146, 235
거듭제곱 67, 78-80, 102, 105, 106-107, 156, 163, 167-170
거듭제곱의 반복 107
거리 13, 35-36, 70, 122, 219, 224
칸토어 게오르크Cantor, Georg 95-96
게임 이론 319
경도 223
경사 하강법 283
계산 12-13, 109, 113, 126-128, 136, 161, 164, 173-177, 182, 187, 198, 203, 206, 213, 217, 221, 235, 254, 254
고르게 분포하는 316

곱셈 51, 78, 102, 106-107, 126-135, 138, 140, 145, 147, 155-159, 166- 168, 171, 172, 246
곱셈의 반복 78, 106, 147, 155-156, 158-159, 168
공리 298
공식 230-235, 247-248
공집합 294
과결정(인) 282
과학적 기수법 75-81
교집합 296
교환하다 325
구름어 23
구성적 증명 300
'굵은 손가락' 실수 69
귀류법 303
규약 170-172
규칙 167, 170, 172, 193, 260, 262-

　　　　　268
그래프 221-229
제곱근 35, 102, 150-153, 161
글릭, 제임스Gleick, James 164
기댓값 321-322
「기억의 천재 푸네스」 26
기하학 145-148, 250
기호 41, 171-172, 184-190, 261-268
기호 옮기기 265-268
길이 32-36, 79-80, 146, 152
꼼수 9-10, 37, 83

ㄴ

나눗셈 136-143, 157, 159, 171
넓이 126, 146, 148, 234
네모 만들기 145, 148
논리와 증명 298-302
《뉴욕 타임스》 68, 171

ㄷ

다시묶기 111, 114
다항 방정식 미스터리 250

단수 대명사 193
단순화 236-242, 250
대명사 191-196
대수 13, 178, 183, 210-211, 220-222, 240-241, 250-251
대표(적) 317
덧셈 102, 109-117, 158, 166-168
데이터 315-318
데이터 시각화 229
델타 273
도박사의 오류 321
도형과 곡선 287-289
돈 38-39, 119-122, 175
동사 13, 101-103, 176, 182, 254
들통 채우기 나눗셈 141
등분제 140
등식 205-212, 215-220
등호 206, 210,
딜러드, 애니Dillard, Annie 71
따름정리 301
딸기 공식 230

ㄹ

라일, 길버트Ryle, Gilbert 253

레니, 얼프레드 Rényi, Alfréd 298
로그 160-164
《로스앤젤레스 타임스》 68
록하트, 폴 Lockhart, Paul 240
롱무어, 클레어 Longmoor, Claire 173, 176
르 귄, 어슐러 Le Guin, Ursula 31
린네, 칼 Linnaeus, Carl 25

무한소 95
묶기 165-172
문법 81-183, 260
『문장의 맛』 260
미 해군 235
미분 계수 275
밀레니엄 문제 328

ㅁ

매서러스, 프랜시스 Maseres, Francis 38
메이저, 배리 Mazur, Barry 239
명령문 206
명사 21-23, 101-103, 177-178, 204, 254, 256
모건, 조 Morgan, Jo 130-131
모멘트 규모 163
모임 294-297
목적 함수 281
뫼비우스의 띠 289
무게 32
무리수 35-36, 82-90, 152
무차별 탐색하다 285-286
무한 91-97, 290-293
무한(∞) 기호 77

ㅂ

바스카라 Bhaskara 38
반 더하기 칠 규칙 213-216
반례 299
반사성 324
반어림 62, 65
반올림 60-65, 89, 188
받아내림 122
받아올림 112-113, 122
방정식 13, 36, 206, 210-211, 222-223, 228-229, 231-232, 234-235, 244, 247-248, 250
배비지, 찰스 Babbage, Charles 162
범주 오류 251-256
베이즈 사전 확률 309
변곡점 272

변수 188, 191-196, 208, 228, 250, 259-261
보르헤스, 호르헤 루이스 Borges, Jorge Luis 26, 95-96
보어, 닐스 Bohr, Niels 61, 125
부등식 213-220
부분곱셈 156, 158-159
부분집합 295
부피 146, 248
부호 착오 277
분모 47, 51
분배법칙 131, 134, 263, 266
분산 315
분수 46-53, 54, 56, 59, 64-65, 137, 156, 158, 188
분수 동의어 50
분수 지수 156
분자 47, 51, 248
브루노, 조르다노 Bruno, Giordano 95
비가산 무한 292
비선형 289
비약 불연속 274
비유 111, 183
비유클리드적 288
빌라니, 세드리크 Villani, Cédric 218

빛 38-41
뺄셈 118-125, 168

ㅅ

『사라지는 사전 The Disappearing Dictionary』 160
산술 182-183
상관관계가 있는 312
샤르마, 수레시 쿠마르 Sharma, Suresh Kumar 83
서로소(인) 296
선행사 194
선형적 성장 154
성장과 변화 273-275
세로곱셈 131
세이프, 찰스 Seife, Charles 62
세제곱 146-147, 246-247
셈 24-31, 102
소로, 헨리 데이비드 Thoreau, Henry David 237
소수 54-59, 64, 83, 129, 152
소통을 가로막는다 256
속성 22, 323-325
수 11, 21-22, 24-27, 29, 31, 32, 36,

61-63, 70-71, 76-77, 81, 105

수각 상실 69

수직선 36-37, 156

수학 규칙 170, 193

수학 법칙 139

수학 언어 21, 32, 36, 75, 139, 166, 170, 190, 194, 217, 239, 242, 250, 257, 271-272

수학 연산 102

수학적 대명사 191

『수학적 방법 모음A Compendium of Mathematical Methods』 130

순열 297

『숫자에 약한 사람들을 위한 우아한 생존 매뉴얼』 70

슈티펠, 미하엘Stifel, Michael 38

스칼지, 존Scalzi, John 230, 231

스타일 257-261

스트로가츠, 스티븐Strogatz, Steven 170-171

시그마 184, 187, 189

시험 점수 32

식 197-204

식기 쌓기 110

신뢰 구간 278

ㅇ

아래로 비유계(인) 291

아인슈타인, 알베르트Einstein, Albert 10, 139, 241

알 콰리즈미al-Khwārizmī 43, 45

알고리즘 56, 112, 122, 130-131, 284

「알레프」 96

압축 188, 190, 193

애덤스, 더글러스Adams, Douglas 251

양수 37, 39-42, 45, 78, 124, 275, 277

어림짐작 285

어스시 연작 31

얼버무리다 279

에르되시 수 326

에르되시, 팔Erdős, Paul 326

엘렌버그, 조던Ellenberg, Jordan 139

엡실론 191, 276

역문제 286

역설 95-96, 304

역연산 102, 122, 138, 140, 163, 168

연산 순서 124, 169-170

연산 13, 39, 45, 101-102, 105, 107-108, 110, 118, 124, 126, 137, 163, 167-170, 176, 182, 203

연산에 대해 닫혀 있다 297

영가설 318

영어 대명사 191, 194

오든, W. H. Auden,W.H. 42

오류와 추정 276-279

오웰, 조지 Orwell,George 110, 155

오일러 항등식 329

올슨, 캐런 Olsson,Karen 23, 203, 267

와, 하위 Hua, Howie 54

우아한 286

월리스, 존 Wallis,John 77, 95

월초버, 내털리 Wolchover,Natalie 191, 196

위도 223

위로 비유계(인) 290

위험 회피 322

음수 36-45, 119, 124, 224

음의 달러 39

음의 상관관계가 있는 313

"음의 음은 양이다" 개념 42

음의 지수 81, 156

의문문 206

인과관계와 상관관계 312-314

인수분해 128-129, 241

일반성을 잃지 않고 305

일반화하다 306

임의의 307

『입증 강박 Proofiness』 62

ㅈ

자릿수 67, 70, 73, 76-81, 163

자명한 해 246-247

자연수 38

자존감 235

작은 수 48, 55, 77, 114

잡음이 있는 318

전역 최적해 282

절대적으로 우세하다 322

점 추정 278

점근적으로 293

정량화 32-33

정리 298, 300

정수 38, 46

정육면체 146, 235

제곱근 150-153, 159, 161, 260

제논 95

제로섬 320

제약 조건 281-282

제임스, 윌리엄 James, William 235

조건부 311

조밀(한) 291

존재정리 301

죄수의 딜레마 320

중의성 165, 167-168

증명 298-302

증명 끝 302

증일 104-108

지수 67, 81, 148, 154-159, 163

지수적 275

지수적 성장 154-159

지역 최적해 283

직교하는 272, 314

직사각형 126-129, 131, 145, 148

집합 96, 185, 229, 294-297

집합론 294

ㅊ

참과 모순 303-307

창세기 25

쳉, 유지니아 Cheng, Eugenia 303

최적화 280-283

최적화하다 280

추계적 310

추상화 184

추이적 324

추측 109, 244, 299

측정 32-36, 45, 57, 62, 64-65, 93, 146, 156, 175, 182

측지선 288

ㅋ

카오스(적) 274

케플러, 요하네스 Kepler, Johannes 162

쿠키 나누기 나눗셈 136-137, 140-141

크레올 181, 183

크리스털, 데이비드 Crystal, David 160

큰 수 55, 67, 69, 76-77, 81, 114, 196

큰 자릿수 66-74

ㅌ

『탑 위의 둘 Two on a Tower』 73

터프티, 에드워드 Tufte, Edward 229

테트레이션 107

특수 사례 306

ㅍ

파울로스, 존 앨런 Paulos, John Allen 70

파이 데이 82, 84, 88-90

파이 82-90

퍼션, 마이클 Pershan, Michael 221, 272

페렐만, 그리고리 Perelman, Grigori 329

페렐만하다 329

페르마, 피에르 드 Fermat, Pierre de 327

페르마의 마지막 327

평균 위 표준편차 317

평서문 206

포사이스, 마크 Forsyth, Mark 260

표 222-223, 228-229

표기법 69, 76, 130, 146, 149, 267

표준 알고리즘 112, 122

푸앵카레, 앙리 Poincaré, Henri 159, 323

프랭클린, 벤저민 Franklin, Benjamin 308

플레시-킨케이드 학년 수준 공식 232-233

플로베르, 귀스타브 Flaubert, Gustave 91

피진 181-183

필즈상 328

ㅎ

하디, 토머스 Hardy, Thomas 73

하인, 피트 Hein, Piet 255

포함제 141

합집합 295

항 188, 198-199, 201-204, 218

항등식 208

항진명제 304

해 243-250

행렬 57

허수 35-36

호킹, 스티븐 Hawking, Stephen 217

호프스태터, 더글러스 Hofstadter, Douglas 69

화이트헤드, 앨프리드 노스 Whitehead, Alfred North 266

확률 308-309

힐베르트, 다비트 Hilbert, David 12, 265

그 외

0의 상관관계 314

0의 확률 309

0인 지수 156

10진법 27, 87

『1984년』 110

1차 근사 277

2차 방정식 10, 43-44

A&W 레스토랑 52

n(수) 191, 261

신박한 수학 사전

초판 1쇄 발행 2025년 8월 20일

지은이 벤 올린 옮긴이 노승영

발행인 윤승현 단행본사업본부장 신동해
편집장 김경림 파트장 이민경 책임편집 박주연
교정교열 유지현 본문디자인 최희종 표지디자인 this-cover
마케팅 최혜진 이인국 홍보 허지호
국제업무 김은정 김지민 제작 정석훈

브랜드 웅진지식하우스
주소 경기도 파주시 회동길 20
문의전화 031-956-7213(편집) 02-3670-7089(마케팅)
홈페이지 www.wjbooks.co.kr
인스타그램 www.instagram.com/woongjin_readers
페이스북 www.facebook.com/woongjinreaders
블로그 blog.naver.com/wj_booking

발행처 ㈜웅진씽크빅
출판신고 1980년 3월 29일 제406-2007-000046호
한국어판 출판권 © ㈜웅진씽크빅, 2025

ISBN 978-89-01-29669-2 03410

• 웅진지식하우스는 ㈜웅진씽크빅 단행본사업본부의 브랜드입니다.
• 책값은 뒤표지에 있습니다.
• 잘못된 책은 구입하신 곳에서 바꾸어드립니다.

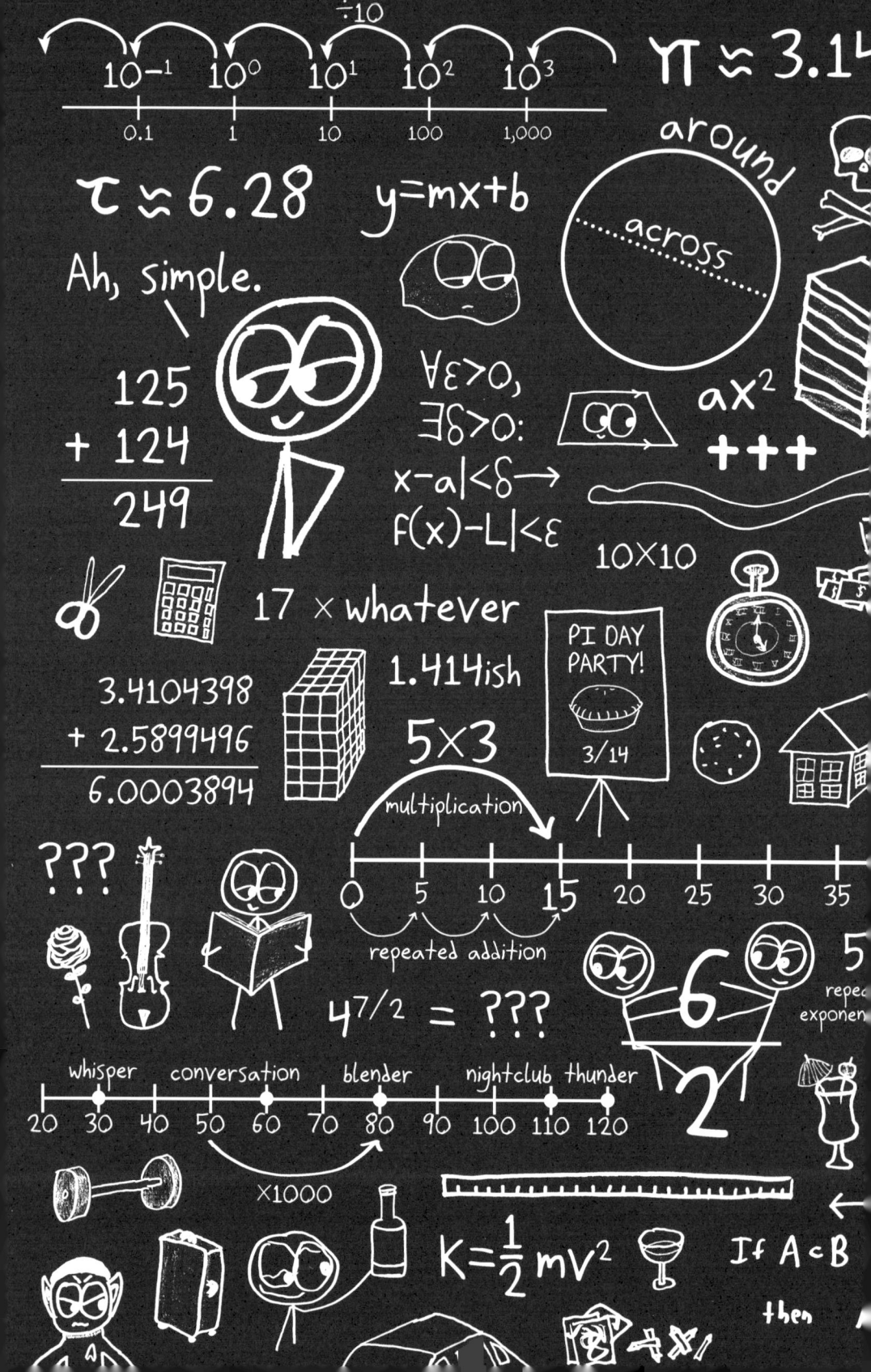